けもの道の歩き方

猟師が見つめる日本の自然

千松信也

もくじ

3

見つめるシカ

食べる選択

冬のある朝、友人から電話が入った。

「畑の防獣ネットにシカが絡んで暴れてるんやけど、どうしたらいいんやろう？」

僕は仕事が休みでまだ布団の中にいた。

「そりゃあ大変やなあ。まあ、ネットを切るか、ほどいて逃がす。もしくは獲って食べるか。この二択やね。今は猟期やし、獲るぶんには問題ないし。今日は山の見回りの後は特に予定もないから、どっちにするにしても手伝えるよ」

山にしかけたわなの見回りにさっさと行かないといけないのだが、なかなか暖かい布団から出られない。

「……そうか。食べるっていう選択肢もあるんやなあ。ちょっと考えてまた電話するわ」

と友人は電話を切った。

畑や山林の防獣ネットにシカが引っかかるのは、最近の山間部では日常の光景になりつつある。多いのは立派な角を持ったオスで、メスもひづめや首が絡むことがある。たいてい死んでから見つかり、季節によっては腐敗し、大量のウジなど虫もわいていて、悪臭で発見されることもある。ただ、たまに生きている場合があり、それを逃がすのは大変だ。シカも暴れるのでうかつには近づけない。逃がそうとした男性が角で刺されて死亡した事件もあった。後ろ脚での蹴りも意外に危ない。二メートルの跳躍力を誇るシカのキック力は相当なもので、蹴られて骨折した猟師もいるくらいだ。

「せっかくやから、食べてみようかと思うんやけど……」

再び電話をかけてきた友人はまだ決めかねているような声だった。僕は諦めて布団から這い出した。

シカとの間合いを計る

友人の案内で畑に行ってみると、そこには僕も獲ったことがないような体格のいいオスジカがこちらを向いて立っていた。三叉に分かれた立派な角に無残にもネットが巻き付いている。ずいぶん暴れたようで、ネットの支柱が五本以上引き抜かれ、かなり自由に動ける状態だ。両方の角にはネットが複雑に絡み付き、逃がすなら押さえこんで角ごと切断した方が手っ取り早そうなくらいだった。

〈シカには申し訳ないけど、これは逃がすよりは殺す方が楽やな〉

僕は正直なところそう思った。

猟期中だったので、道具は全部軽トラックに積んであった。僕は、「くくりわな」という獲物の脚を、バネの力を使ってワイヤーで瞬時にくくって生け獲りにするわなで猟をしている。鉄砲を使わないので、わなにかかった獲物は木の棒や鉄パイプでどついて失神させ、ナイフでトドメを刺す。今回はわなに獲物がかかったシチュエーションに近い。

軽トラックの荷台から鉄パイプを取り出し、シカとの間合いを計る。シカの場合は後頭部をどつくのだが、角にネットが絡んでいるので狙いにくい。慎重に近づくと、シカは警戒して僕と距離をとろうと後ずさりする。周囲に何本か生えていたヒノキに絡むように誘導し、シカがほぼ動けなくなったところで一撃を加えた。急所にうまく当たり、シカは白目をむいて倒れた。僕は急いで駆け寄り、角を持って押さえこんでから頸動脈をナイフでかき切った。きれいな赤い血がドクドクと地面に流れ出す。友人はそれを黙って見つめている。死ぬ間際、息を荒らげたシカの後ろ脚が力なく宙を蹴った。動かなくなったシカに手を当て、心臓が鼓動をやめているのを確認した。

「じゃあ、今からうちの解体小屋に運んで一緒に内臓出そうか」

横たわったシカを前にぼうぜんとしている友人にそう伝え、シカを畑から引きずり出して軽トラックに載せ、家路についた。

狩猟と法律

「防獣ネットに絡んだシカを勝手に獲って食べてもいいのか？」

こういう質問をされることがある。その現場が法律で猟を認められた区域で猟期中ならば、問題ないと判断されるのが一般的だ。狩猟免許が必要だと思うかもしれないが、狩猟免許とは、法律で定められた猟具（銃、わな、網）を使うための免許だ。石を投げて捕まえたり、パチンコで鳥を獲ったりするのは自由狩猟と呼ばれ免許はいらない。日本で伝統的に行われている鷹狩りも自由狩猟だ。また、解体も、家畜なら許可された施設で行わなければならないが、猟で獲った獲物に関しては許可も資格も不要だ。意図的に防獣ネットにシカが絡むように仕向けたのなら、違法な網猟に該当するが、そうでないのなら山の中で木のつるに絡んで動けなくなったシカを発見した場合と同様だと考えてよいだろう。

では、猟期外はどうすればいいのか。勝手に殺すのは原則としては許されない。ケースバイケースになるだろう。役所に連絡すれば野生鳥獣の保護管理を担当する職員を派遣して逃がしてくれるところもあるし、有害駆除として処理してくれることもある。場合によっては自己責任で放獣するように言われることもあるかもしれない。

解体する

解体小屋に運び込んだ友人のシカは重さを量るとなんと八〇キロ。僕の住む京都市周辺で獲れるシカの中では最大クラスだった。食べる決断をした友人には、ぜひ解体の工程をすべて体験してもらいたかったので、やり方だけ説明し解体用のナイフを彼に手渡した。お腹を割くと中からは湯気とともに内臓が溢れだし、独特のにおいが立ちこめる。初めて体験する友人はかなり衝撃を受けていたようだが、がんばって作業を進めていた。膀胱と肛門の処理は難しいので僕がかわり、なんとかすべての内臓を取り出すことができた。

「じゃあ、いったん肉をしっかり冷やさなあかんし、解体は今晩やろっか。それまでにこっちは自分のわなの見回りを済ましとくわ」

腹の中を水できれいに洗ってから、ペットボトルに水を詰めて作った氷を詰め込み、外側からも大量の氷をあてがった。これぐらいしないと獲物に残る体温で肉が傷んでしまう。分厚い毛皮の保温力は相当なものだ。

その晩も、僕はなるべく手を出さずに、友人に解体してもらった。友人の畑仲間も来ていたので作業はスムーズに進み、皮を剝いで、骨から肉を外し、すべての肉を小分けにするところまで、二時間ほどで無事終わった。内臓の重さが一五キロくらいあり、それ以外、いわゆる「ハラ抜き」で六五キロだった。シカの場合、ロースやヒレ、モモ肉などの人気のある部位に、スネ肉やクビ肉なども含めてハラ抜き体重の五～六割の肉がとれる。今回のシカからは三五キロくらいの肉がとれる計算になる。これだけ大きなオスジカになるとどうしても肉が硬くなるため、カレーやシチュー、時雨煮などの煮込み料理に使うのが一般的だ。

よく「野生動物の肉は硬い」と言われるが、〇歳や一歳の若い個体の肉は軟らかいし、歳をとった個体の肉は硬い。家畜の豚も生後半年で出荷されるから軟らかいだけで、何年も飼育した老豚の肉は硬くなる。野生動物だから硬いわけでは決してない。

ちなみに、硬い肉はフードプロセッサーでミンチにしてハンバーグや肉団子にするのもいい。ミンチなのに歯ごたえがあって家族や友人にもなかなか好評だ。

トドメを刺すとき思う

解体後、軽く酒を酌み交わしていると友人が言う。

「肉を食べるっていうのはホントに大変なんだと身にしみて分かった。いろんな感情が湧いてきてちょっと整理できてないけど、このお肉は責任もって食べさせてもらうわ」

猟を始めたばかりの自分のことを思い出してしまい、ちょっとうれしくなった。

〈自分で食べる肉は自分で責任をもって調達したい〉

そんな思いで狩猟を始めて、もう十四年になった。獲った獲物は自分で解体し、家族や友人たちで分けて自家消費する。基本的に商売目的の狩猟はしていない。平日は地元の運送会社で働き、現金収入はそこで得ている。猟を始めた頃と違って、結婚して子どもも二人生まれたが、生活スタイルはあまり変わっていない。

二十代で狩猟を始めた頃は、まだ右も左もよく分からないまま夢中で山の中を歩き、シカやイノシシの痕跡を見つけるたびにワクワクした。初めての獲物をさばいて食べたときのことは今でも鮮明に覚えている。多くの友人たちに囲まれて、一晩でシカ一頭分の肉がなくなった。

わなにかかった獲物にトドメを刺すときは今でも様々な感情が頭をよぎる。命を絶つ技術は上達しても、殺すことには慣れないように思う。

見つめるシカ

最近、全国的にシカやイノシシが増えすぎていると言われている。僕の暮らす京都でも「農作物の被害がひどい」「森の下層植物がシカに食べ尽くされている」という声はあちこちから聞こえてくる。日中に林縁でシカの姿を目撃することも増えた。

ジビエだ町おこしだと各地で獣肉を食べる動きもあるが、今でも有害駆除で捕獲されたシカやイノシシのほとんどは食べられず焼却か埋設処分されている。その一方で国内の多くのフランス料理店などでは外国から輸入されたシカ肉が利用されている。

オオカミのいなくなった日本の森で、シカやイノシシを捕食できるのは人間以外にいない。

ただ、猟師も高齢化が進み、どんどん数が減っている。

僕も生態系のバランスなんてことを考えて、シカをなるべく獲ろうとここ数年は考えてきた。でも、たくさん獲ろうと思えば思うほど、シカとの距離は遠くなってきたような気もする。僕とその家族、友人が一年を通して食べる肉はシカとイノシシ、合わせて十頭も獲れば十分だ。つまりそれ以上の捕獲は、自分が狩猟を始めたいと思った動機からは外れてくるということだ。

猟師には動物好きが多い。僕も動物とともに森で暮らしたいという思いもあって、狩猟を始めた。肉を食べるのなら、自分でその動物の命を絶つところからしたいと思ったからだ。

数が増えすぎるのはシカにとってもよくない。でも、森の中で山野草を食べつくすシカに悪意はない。山で出会ったシカに見つめられたとき、後ろめたい気持ちになるのはいつも決まって僕の方だ。

1

猟師の眼に映る山と動物たち

イノシシのいない森

渥美半島のイノシシ

五年ほど前、愛知県の渥美半島で大工をしている友人から連絡があった。

「これまでこのあたりにはいなかったイノシシが最近目撃されているっていう情報があるんだけど、本当にいるのか調べに来てほしい」という依頼だった。彼は子ども向けに農業・自然体験を提供するＮＰＯに参加しており、そこでも話題になっているそうだ。

「越戸《おっと》の大山《おおやま》」と呼ばれる渥美半島で一番高い山の麓を探索した。林道に入ってちょっと歩くだけでさっそくイノシシが体をなすりつけたと思われる、木々に付いた泥跡が目につく。谷筋をのぞくと泥浴びをした痕跡の残るヌタ場（イノシシの泥浴び場）もあり、大小様々な足跡も見られた。

友人は「ここらの山では、明治の頃にイノシシは絶滅させられているはず。誰かが飼っていたイノブタが脱走して増えたっていう噂もある」と推察する。

僕は「イノシシなのかイノブタなのかは痕跡だけじゃあ区別つかんけど、結構な数がおると思うわ。春に生まれた子どもの足跡も混じってるし普通に繁殖してるで」と答えた。

越戸の大山のある田原市の市立博物館のホームページによると、渥美半島では武士の戦闘訓練として、集団で獲物を追いつめる「巻狩り」が江戸時代を通して頻繁に行われていたそうだ。シカの捕獲記録は江戸中期になくなっており、その頃には大々的な巻狩りを行ってもイノシシの捕獲数はわずか年数頭で、明治以降に絶滅したとされている。

地図で確認してみると、渥美半島の山塊はイノシシが生息している愛知県の他地域の山々からは完全に分断されている。イノシシが越戸の大山にたどり着くには人口三十八万人の豊橋市を通過しなくてはならず、複数のイノシシが歩いてきたと考えるのはかなり無理がある。他府県では戦後、狩猟目的にイノシシやイノブタが放獣されたという記録があることなどを考えても、人為的に放されたとみるのが一番妥当ではあるだろう。

ただ、九州本土から二〇キロも離れている長崎県の壱岐島や、瀬戸内海に点在する島々で「イノシシが海を泳いでやってきた」という報告も多くある。「釣り人が海を泳いできたイノシシに襲われた」なんていうニュースもたまに耳にする。渥美半島の突端の伊良湖岬から対岸の三重県の鳥羽まではちょうど二〇キロくらいの距離だ。その間に浮かぶ答志島《とうしじま》には実際にイノシシが泳いで渡っている。三重県側から海を越えてきた可能性もゼロではないだろう。

シカ・イノシシのいない森

最近の獣害の増加に対し、各地で「シカなんて昔はこのあたりにはいなかった」という声が聞かれる。「温暖化で積雪量が減り、イノシシもどんどん北上して生息域を拡大している」とも言われる。

僕のわな猟の師匠である角出《すみで》博光さんによると数十年前まで京都にシカはほとんどいなかったそうで、シカを狙うときは奈良との県境まで遠征していたそうだ。実際、地元の猟友会の先輩の中にも「昔はシカなんかおらんかったから、獲ってもどうやって食ったらいいかさっぱり分からんわ」という人もいる。確かに環境省の調査を見ても、ここ何十年かでシカは劇的に生息域を広げている。狩猟や有害駆除による捕獲数も、一九八〇年代は全国であわせて二〜三万頭程度なのが、二〇一二年度には四十六万頭を超えている。イノシシも九〇年代後半までは十万頭以下だったが、その後の十数年で急激に増加し、最近は四十万頭前後で推移している。

これぐらいの期間で見るならば、間違いなくシカ・イノシシは増えている。

では、三百年くらいのスパンで見たらどうだろう?

例えば、近年、東北三県や北陸地方にはイノシシはほとんどいないとされてきたが、かつて確実にイノシシの個体群は存在していた。江戸時代には青森の八戸で猪飢渇《いのししけがじ》と呼ばれる飢饉が起こっている(一七四九年)。冷害にイノシシの獣害が重なり、三千人が餓死したというのだ。その年、八戸のイノシシの捕獲数は千二百頭以上だった。明治以降、近年までイノシシの捕獲記録のなかった石川県には、農業被害対策として駆除したイノシシの供養のための石碑が残っているし、長崎県の離島の対馬でも猪鹿追詰《いじかおいつめ》と呼ばれるイノシシ根絶作戦の記録が詳細に残っている(一七〇〇~〇九年)。

つまり、もともといなかったのではなく、過去にシカやイノシシの個体群の絶滅が渥美半島と同様に各地で起きていたのである。

幻想の里山と「本来の自然」

北海道では明治半ばに絶滅が危惧されエゾシカが全面禁猟とされた。江戸時代以前は主に先住民族であるアイヌがエゾシカ猟を行っていたが、明治以降に大量に入植してきた和人によって乱獲され、歴史的な豪雪による餓死も重なり、エゾシカは急激に生息数を減らした。

本州以南のニホンジカやイノシシは平野部の大規模な開墾や宅地開発によって、生息域が山間部に狭められ、各地で個体群が分断されたと考えられる。明治以降の急激な人口増加にともなって、鉱山開発、木材や薪炭利用のための過度な伐採など、森林利用が拡大され、彼らの山間部での生息域も狭められていった。その頃の里山の多くがハゲ山だったというのは有名な話である。過度な捕獲に加え、このような環境の変化も後押しし、各地で個体群が絶滅していったのは間違いないだろう。そうして、戦後にはメスジカの狩猟が全面禁止されるほど生息数を減らすことになる。結果、現在の日本列島にはシカ・イノシシの存在しない山々がモザイク状に点在しているというわけだ。

江戸時代にはシシ垣という獣除けの大規模な石垣が各地で見られた。また、多くの農民が鉄砲を持ち、獣害対策に利用していたこともよく知られている。山間部の農地でシカやイノシシ対策をせずに農業を行うことができたこの百年くらいはむしろ特殊な時代だったと考える必要があるのではないだろうか。人間と野生動物がお互いの生息域を住み分けて共存できていた理想状態としてよく語られがちな昭和の里山も、実は人間がシカやイノシシを劇的に減らしたからこそ成立していた一時的な状態だったのではと思えてくる。

最近は、シカによる森林の生態系被害もよく問題になる。確かに食害によってむき出しになった山肌や、シカが嫌う木々以外の幼木のまったく育っていない森の姿は無残だ。今の状況は間違いなく森が養えるシカの生息数をオーバーしているだろう。しかし、シカという大型草食獣が存在しないで成立していた、カタクリなどの山野草が咲き乱れる里山の自然というのも、実は人為的に成立した過渡期の風景だったと考えるべきなのかもしれない。シカやイノシシの増加の原因の一つにオオカミの絶滅が挙げられることがよくあるが、そもそも長い間、僕たちはオオカミどころかシカもいないような森の姿を「本来の自然」だと思って暮らしてきたのではないだろうか。

帰ってきたイノシシ

渥美半島では、徳川家康も大規模な巻狩りを行った記録がある。地形的条件から捕獲がしやすかったのだろうか。僕も一度しか訪れたことはないが、突き出た半島の先端にある孤立した越戸の大山は、確かに多人数で包囲するには最適な山に思えた。また、餌となるドングリを落とす広葉樹の森が広がる雰囲気の良い山で、かつては多くのイノシシやシカが生息していたに違いない。

渥美半島にもずっとそこで獲物を獲ってきた猟師がかつては暮らしていたことだろう。ひょっとしたら地元の地形に詳しい猟師は戦国大名の巻狩りの道案内をさせられたかもしれない。そして、自らの猟場で好き放題勝手なことをされ、最終的にはシカもイノシシもいなくなった。渥美半島で続いていたシカ・イノシシ猟の伝統もそこで終わりを告げたのだろう。

本来、食料調達のために猟を続ける猟師は、動物の命は奪うがその動物を絶滅させたりはしないし、動物たちが暮らす自然を破壊したりはしない。そんなことをしたら困るのは自分なわけで、シカやイノシシが十分な餌を食べて、適正な生息数でいてくれることで自分たちもずっと猟を続けられる。しかし、軍事訓練や獣害対策などの別の目的が狩猟に絡んできたとき、そんなことは考慮されるはずもない。

その渥美半島にイノシシが帰ってきた。森にはもともとイノシシが暮らしていたのだから、本来の生態系へと戻ったとも言える。だが、イノシシがいなくなってすでに百年が経過し、自然も周辺の農業者もイノシシがいないことを前提に環境を整えてきている。地元の人々にとってはイノシシのいない森こそがふるさとの自然であり、突然現れたイノシシは見ず知らずの浦島太郎のようなものだろう。そう簡単に受け入れられるものではない。

こういった行き違いとも言える現象が全国各地で同じように起きていて、山間部で暮らす人々と野生動物の間で軋轢を生んでいる。

シカと人間の暮らし

奈良のシカ

二〇一二年の秋、「奈良のシカ」の駆除が検討されていると報じられた。奈良のシカ（旧奈良市一円に生息するニホンジカ個体群）は、国の天然記念物に指定されており、春日大社では神鹿《しんろく》として祀られている。このニュースは全国的に知られることとなり、抗議の電話が相次いだ。時代によってはシカを殺した者は死罪になったほど、奈良においてシカは特別な存在だ。シカと共生してきた長い歴史を持つ奈良ゆえに市民の反響も大きかった。

奈良公園のシカは観光客から食べ物をもらったりして、のんびりしているので、多くの人は飼育されていると誤解しているが、一応「野生のシカ」だ。奈良公園や春日大社境内周辺に千頭ほど生息している。シカたちは公園外にも自由に出ていくため、市街地での人身事故や農作物の食害はたびたび問題となっていたが、最近では、春日山の貴重な原始林の生態系被害が深刻化している。

一変した森のなか

シカの食害というと農作物がイメージされがちだが、近年は森林内の生態系にまで影響を与えている。直接食べられてしまう希少植物の絶滅やほかの草食動物との競合も危惧されるが、シカが笹などを食べ尽くすことにより、そこを隠れ家にするイノシシや小鳥、小動物なども住みづらい山になってしまう場合もある。

また、山野草や低木だけでなく、次世代の森を担う幼木まで食べ尽くしてしまうのも問題だ。大木ばかりの森は一見すると立派だが、健全な姿ではない。林床にはアセビやトリカブトなど、シカが好んでは食べない有毒植物だけが繁茂する。峠道を車で走っていても、林縁にはシカが嫌うタケニグサや外来種のボロギクばかりが目立つ。シカは食べられる植物の範囲が広く、生息数が過密になると以前まで見向きもしなかった植物でも食べるようになる。これまでは食べないと言われていた有毒の山野草の被害の報告も増えている。

京都大学の芦生研究林での調査によると、二十年前と比べて森林内の昆虫が八分の一に減少していたという。昆虫が集まる下層植物をシカが食べ尽くしたのが原因だ。昆虫は森林内では花粉媒介や落ち葉・動物の死骸の分解など重要な役割を果たしており、減少すれば、森林全体の活性を弱めることになる。また、昆虫を餌にする動物の減少にもつながる。

京都南部の森で活動する「乙訓《おとくに》の自然を守る会」では、カタクリなどの希少な山野草を守るために防獣ネットで山の一部を囲う活動が行われている。この会には以前、薪用の原木をたくさんいただいたりして大変お世話になった縁もあり、いろいろと話を聞くことも多い。ネットで囲んだところはカタクリやモミジガサなどの山野草が驚くほど復活し、かつてのような群生地になっているそうだ。部分的にネットで囲う取り組みは、その地域の植生を一時的に保存し絶滅から守るという意義もある。ただ、「一切、野生動物に食べられない森というのも不自然だ」との意見も会内にあり、京都府にシカの生息数を是正するよう要望を出しているとのことだった。

深刻な林業への影響

林業でもシカの被害は深刻だ。知り合いの林業家からも窮状を聞くことがある。かつては苗木さえ守っていればなんとかなったが、最近は成木の樹皮に片っ端から角で傷を付けたり、食

べたりするそうだ。これを防ぐには山ごとネットで囲むしかない。しかし、シカを山全体から追い出すのは非現実的だ。ただでさえ赤字なのにもうこれでは林業など続けていられない、と知り合いは言う。

農地よりも傾斜があるため苗木を守るための防護ネットも張りづらく、積雪や倒木で倒されてしまうことも多い。また、がんばって張ったネットにもシカが引っかかるとグチャグチャにされてしまう。猟のために山に入ると、ネットに絡んだシカの白骨死体によく遭遇する。倒されたネットはほとんどの場合そのまま放置されており、その隙間からほかのシカが出入りし、立派なけもの道ができている。

日本の山では戦後の拡大造林政策の頃に植えられたスギやヒノキが、伐採適期を迎えているのに放置されている。伐採しても採算がとれないからだ。拡大造林では多くの里山林や天然林が奥山に至るまで大規模に伐採され、針葉樹の苗木が植えられた。木々が皆伐され、日当たりの良くなった森には一斉に草が繁茂し、当時保護獣だったシカはその時期に着実に生息数を増やしたと考えられている。突如山中に出現した若草や幼木など好物が茂る草地はシカにとっては天国のようなものである。

その後、木材価格の低迷や外材の輸入自由化で、多くの植林地が間伐や枝打ちなどの最低限の作業すら行われずに放置されるようになった。そんな森は下草も生えない薄暗い森である。餌が足りなくなったシカたちが樹皮をかじり、健全な林業が行われているエリアに集まってくるのは当然のことだろう。国の林業政策がシカを増やし、そのシカが現在、林業の脅威となってしまっているのはなんとも皮肉な話である。

多発する交通事故

食害だけではない。シカによる交通事故も急増している。僕の友人も昨年、日本海に釣りに行った帰りに見事シカと衝突し、車を派手にヘコませて帰ってきた。シカの方は何事もなかったかのように森に走り去っていったそうで、友人は「当たられ損だ」と憤慨していた。夜の峠道を車でハイビームにして走っていると、頻繁に道路脇にいるシカを目撃する。シカたちは時には悠然と道路に出てきて、車が来てもじっとこっちを見つめていることもある。

シカはなぜ道路にそんなに出てくるのか。一つには、道路沿いは日がよく当たるため餌となる草がたくさん生えているのが理由だ。特に定期的に刈り払われた草は、柔らかい新芽を出す。山間部の道路ののり面の緑化のために植えられた植物もシカを寄せているのは間違いない。

最近では列車との衝突事故もよく聞く。二〇一〇年度には京都のＪＲ舞鶴線と山陰線だけで計三百件ほどの衝突事故が発生したそうだ。ＪＲ東海では、線路内に立ち入ったシカに衝突した際、路線の外に押しのける衝撃緩和装置を列車に取り付ける事態にまでなっている。

感染症との関係

京都市保育園連盟が運営し、市内の保育園児たちが野外活動に訪れる「八瀬野外保育センター」も最近、シカの問題で頭を抱えている。植えた草花を食べられてしまうだけでなく、園児が相撲をとる土俵まで掘り返されるそうだ。シカが道路にまかれた融雪剤の塩化カルシウムを舐めにくることは知られているが、野生動物は生きていくために塩分を必要とする。塩で固められた土俵は格好の塩分補給場所となったわけだ。

被害に耐えかね、数年前に敷地をぐるりとネットで囲んだ。すると年に何回もネットにシカがかかり、対応に追われる。一昨年は絡んだシカをクマが食べにきて、これまた問題になったという。

僕の子どもが通う保育園の園長さんからは、野外で遊ぶ園児がマダニに噛まれることが増えているといると相談された。僕は、小さいうちにマダニに噛まれるのも野外体験の一つじゃないか、などと冗談めかしていたのだが、保護者との関係もあり深刻な問題だそうだ。

これも実はシカの増加と無関係ではない。シカが増えれば寄生するマダニやヤマビルが増えるのも当然で、人への被害の増加につながっていく。狩猟で捕獲した獲物を冷やすと、新たな宿主を求めてたくさんのマダニが毛皮の表面にワラワラと這い出してくる。僕も獲物の解体時にはなるべく明るい色の服装で作業をし、噛まれないよう細心の注意を払っている。

マダニは日本紅斑熱、ライム病などの病原菌を媒介するので、噛まれたときの処置を誤るとやっかいだ。噛まれたら、まず決してマダニの腹部をつままないこと。マダニの体液が血管に入ってしまう。無理に引っ張ると皮膚内に口器が残ってしまうので、口器をトゲ抜きなどでつまんで回すようにして抜くのが良い。猟師の間では反時計回りに回すととれやすいとよく言われるが真偽は不明だ。心配なら皮膚科を受診するのが無難だろう。

二〇一二年秋頃から国内で感染の報告が相次ぎ、高齢者を中心に死亡者も多数出している重症熱性血小板減少症候群（ＳＦＴＳ）という感染症もマダニが媒介している。

シカという一種類の動物が増えるだけでこれだけの影響が各方面に及ぶというのは、今更ながらに自然が相互のつながりで構成されていることを実感させられる。

シカと弥生人

シカはそもそも昔から日本人とかかわりが深かった。「奥山に紅葉踏み分け鳴く鹿の声聞く時ぞ秋は悲しき」という『小倉百人一首』に登場する和歌を知る人も多いだろう。

二〇一二年の秋、僕は兵庫県の西宮にある辰馬考古資料館で行われたシンポジウムに参加した。テーマは弥生時代の銅鐸に描かれた動物絵画についてだった。弥生人が祭祀に用いた銅鐸には狩猟の様子なども描かれており、僕は猟師の立場から見解を述べる役割だった。

講演に誘っていただいた考古学者の深澤芳樹さんに、当時の動物絵画をたくさん見せてもらったが、一つ疑問を持った。銅鐸にはイノシシも描かれているが、圧倒的にシカが多い。狩猟の様子もあれば、子連れで佇むシカもいる。単純な線で描かれているが、弓で狙われているシーンでは尾が必ずピンと立っており、弥生人がしっかりと観察して描いていることがよく分かるものだった。しかし、なぜシカだったのか。当時なら、クマやオオカミなど信仰の対象になりそうな動物もたくさんいたはずだし、食料という点ではノウサギが描かれてもいいはずだ。

シンポジウムには福岡で「農と自然の研究所」を主宰されていた宇根豊さんも講師として参加していた。宇根さんは減農薬運動の草分け的存在で、田んぼの昆虫を観察する「虫見板」を普及させたことでも知られている。銅鐸にはトンボやカエル、カマキリなど水田でよく見られる生き物がたくさん描かれている。宇根さんは言う。

「現代の日本の赤トンボは水田で九九％が生まれている。それくらい水田には赤トンボがやってくる。水田農耕を開始した弥生人はそこで飛び交う赤トンボやカエルの大合唱を聞いて、まさに自分たちの新しい生活の象徴のように思えたのではないか」

これを聞いたとき、当時の弥生人の暮らしが僕の頭の中で鮮明にイメージされた。彼らは縄文時代の狩猟採集中心の生活から、森を切り開き農耕生活を始めた。森と農地の境には日光が差し込み、鬱蒼とした林内とは比べ物にならないくらいのたくさんの草が生えてきたに違いない。そして、そこにシカがたくさん寄ってきたのは想像に難くない。農作物を荒らされることもあっただろうが、銅鐸に描かれた絵からはシカに対する憎しみのようなものはあまり感じない。当時の人々はシカを自分たちの新生活とともに姿を現した隣人として捉えていたのかもしれない。シカはこの時代からずっと林縁で暮らす動物だったのだ。

あらゆる問題をあげつらってシカを悪者に仕立て上げてしまいがちな現代の僕たちは、彼ら弥生人の目にはどう映るんだろうか。

狩猟と有害駆除

駆除の大号令

二〇一三年度の猟期から僕の暮らす京都でも捕獲したシカに奨励金が出ることとなった。捕獲したシカ一頭につき四千円くれるそうだ。これまでは猟期外の有害鳥獣捕獲（いわゆる有害駆除）には報奨金が支給されていたが、猟期中の狩猟に対してお金が出るのは初めてのことだ。これは全国的な傾向で、二〇一二年、農林水産省は獣害対策用に百三十億円の緊急予算を用意し、政策目標として「野生鳥獣の有害捕獲の強化（30万頭を緊急捕獲）」を掲げた。また、環境省も現在二百四十九万頭（二〇一二年度末）いるシカを十年後に半減させるという目標を発表している。全国的に有害駆除の報奨金も軒並み上がっており、シカの捕獲数を増やすために行政が本腰を入れていることが見て取れる。

猟師や肉食獣などの捕食者がいない環境では、シカは一年で二割程度増加すると言われている。生息域が広がり続けている現状では、さらに生息数が増えることが予想される。僕が冬場に捕獲するシカの胃袋はパンパンで、脂も乗っていて栄養状態もよい。これだけシカが多いと言われる京都でもまだまだ増える余地があるということだ。誰かが獲らないと、山はさらにシカだらけになるだろう。実際、環境省は、現状のままでは全国のシカの生息数は二〇二三年に約四百万頭になると試算している。また、多産で繁殖力の強いイノシシも、猟師による捕獲圧が低下したり、生息環境が整えばシカ以上に急激に増加する。

有害駆除での捕獲数も年々増加している。二〇一〇年には、全国で狩猟で捕獲されたシカが約十七万頭なのに対し、有害駆除では約二十万頭となり、ついに捕獲数で狩猟を駆除が上回った。駆除されたシカはそのほとんどが廃棄物として焼却・埋設処分されているが、それには多大なコストがかかっている。山林にそのまま放置されることもあり、駆除したシカをどうするのかが今問題となっている。最近は、シカをなんとか効率よく処理しようと微生物を使って分解して堆肥化する施設まで作られているほどだ。

狩猟と有害駆除

狩猟が獲って食べることを主な目的とするのに対し、有害駆除はあくまでも対象となる動物を殺し、数を減らすことが目的だ。猟期外に、被害状況に応じて行政が特定の鳥獣に対して期間や頭数を決めて捕獲許可を出す。狩猟と有害駆除は行為こそ似ているが目的は異なり、駆除なら処分方法なども指定されている。ただ、従事するのは、だいたいが地元の猟友会からなる駆除隊で、同じ人物が行うので、どうしても混同されがちだ。「最近は獣害がひどいから年中狩猟できるんでしょ？」というように言われるが事実と異なる。猟師が自由に狩猟できるのはあくまでも猟期だけだ。

有害駆除の方法は基本的には狩猟と同じだ。大型獣の場合は大きく分けて二つの方法がある。一つは、銃による捕獲だ。地域によってスタイルは異なるが、本州以南では追い山猟や巻狩りと呼ばれる方法が一般的だ。猟犬や勢子と呼ばれる人たちがシカやイノシシを寝屋などから追い出し、タツマなどと呼ばれる待ち場の猟師が銃で撃つというもの。これは昔から全国で行われている狩猟法で、技術のあるグループなら、一日で何頭もの獲物を捕獲することができる。ただ、追い山猟は民家の近くなどでは行えないため、農業被害があったすべての場所で行うのは難しい。

もう一つは、わなによる捕獲だ。これは僕も使っているくくりわなの場合もあるが、たいてい箱わなが利用される。箱わなとは、おりのような形のわなで、獲物が中に入ると、扉が閉まって閉じこめる仕組みになっている。被害に遭っている農地に隣接して設置するのが一般的で、侵入してきているシカやイノシシをピンポイントで捕獲できるメリットがある。人間の作る農作物の味を覚え、農地への侵入法を学習した個体を選択的に減らせることになり、農家自身が自衛のために行う方法としても適している。ただ、箱わなは基本的には餌でおびきよせる方法のため、これまで農地周辺に興味を持っていなかった個体まで誘引してしまう可能性もある。そうした個体をしっかり捕獲できれば問題ないが、獲れなかったら逆に野生動物に人間の食べ物の味を覚えさせただけという結果に終わってしまう。なお、有害駆除ではトラバサミやクマ用のわななど、狩猟では禁止されているわなを使用できる場合もある。

有害駆除は誰がするべきか

シカ・イノシシの捕獲数が年々増える一方で、実際の捕獲に従事する猟師の減少・高齢化が問題となっている。それでもなんとか捕獲数を増やそうと、ここ数年は多くの都道府県でシカ・イノシシに限定して猟期を延ばすなどの措置がとられてきたが、ついに猟期中の獲物にまで奨励金が出ることになったわけだ。猟師の中にはモチベーションが上がると歓迎する向きもあるが、僕としては狩猟と有害駆除の境界がより曖昧になってしまうことを危惧している。

日本の猟師は狩猟免許を持ち、毎年狩猟者登録をして決して安くない狩猟税を納めたうえで自分の意志で狩猟をしている。だからこそ、その狩猟という行為に対して責任も負っているし、誇りも持っている。それが、「あの人たちはお金がもらえるからシカを殺してるんでしょ」なんて言われたら、かなりつらい。

「趣味で動物を殺すなんて残酷ですね」

こんな風に言われることもある。それが、税金から奨励金がどんどん出るようになったら、「趣味で野生動物を殺すような輩に、なぜ私たちの血税が使われないといけないのか！」なんて怒りだす人も出てくるかもしれない。

狩猟に有害駆除の要素を持ち込まないでほしいし、本来なら有害駆除は専門の人間がすべきだと僕は思っている。僕の狩猟は食料調達が主な目的なので、有害駆除に参加することはほとんどない。その点では、昨今の公務員ハンター養成や法人格を持つ事業者に有害駆除を委託しようという動きは歓迎すべきことなのかもしれない。ただ、これまでは猟師がしていたから無制限な捕獲に歯止めがかかっていた面もあるだろう。年配の猟師はよく「山の動物はある程度間引かなあかん」という表現を使う。「間引く」というと印象は悪いかもしれないが、獲物を決して獲り尽くさないこの考え方は多くの猟師の共通の意識でもある。例えば、有害駆除の箱わなにはウリボウが何頭もまとめて入ることがよくあるが、小さいやつらは逃がしてやりたいというのが猟師の本音だ。

とある猟友会の先輩猟師からこういうことを聞いたことがある。

「ウチの自治体は金があるから、有害駆除の報奨金が結構出る。それで最近、狩猟は金にならないからしないで、駆除だけやるやつがおる。あいつらは猟友会にも入らんし、獲った証拠の前歯だけ引っこ抜いたら、あとはポイや。肉なんかいらんらしい。イノシシの駆除のときも、ちっこいウリボウでも平気で殺しよる。一頭いくらでやっとるさかいな」

こんなシロアリ駆除のような感覚で猟をする人が増えていくのかと思うとうんざりする。

また、お金が絡むとどうしても不正も問題になる。報奨金が多い隣町の知り合いに送っておかを多く受け取っただとか、道路で轢かれていたシカを自分が駆除したと偽って申請しただとか……。有害駆除を担う多くが猟師であり、彼らは捕獲技術を持つ自分たちにしかできない社会貢献だと思ってがんばっている。実際、真夏の駆除なら、暑いさなかに銃を持って山を走り回り、下手をしたら弾代にもならない日当で連日出動するなんてこともある。わなによる駆除にしても暑い時期はカやブヨ、ダニなどの害虫にも悩まされる。とんでもない重労働である。ほぼボランティア状態の、多くの有害駆除従事者は、不正のニュースが流れるとがっくりくるだろう。報奨金の増額は、駆除従事者に正当な対価を保証するという点で意味のあることだ。ただ、どこの世界にも悪いことを考える人はいるもので、不正が今後増えないとも言い切れない。

猟師が減少する中、農業者自身が自衛するしかないと、農家のわな猟免許取得が各地で進んでいる。最近は狩猟免許試験の会場にも農協のバスで団体で来ていたりもする。確かに農家自身が駆除を担うというのは現状では一番現実的な対処法だろう。ただ、捕獲まではなんとかなってもその後のトドメ刺しができずに、結局処理は地元の猟友会まかせになり、一部の猟師に負担が集中するなどの問題も発生している。また、たちの悪い人になると、殺すことができれば良いということで、わなにかけたまま死ぬまで放置していることもある。そうやってほったらかしになっているシカを目当てに人里にクマが降りてきているとの報告もあり、新たな問題を生んでいる。安易なわな猟の普及は、非狩猟獣の錯誤捕獲や人身事故にもつながる恐れがある。

有害駆除を誰がするべきか、これは考える課題のなかなか多い問題だ。

「害獣」はいない

有害駆除に関連して、シカやイノシシ、サルなどの野生動物は「害獣」と呼ばれるのが一般的だ。僕は「獣害」はあるが、「害獣」はいないと思っている。シカやイノシシは自分たちが生きていくために食べ物を必死に探しているだけで、人間に害を与えてやろうなどとは考えていないからだ。丹精こめて育てた作物を一晩でズタボロに食い荒らされる農家の悔しさは想像を絶するものだろう。平野部の兼業農家で育った僕からしたら考えられないことだ。ただ、「害獣」という言葉からは、動物に対して負の感情しか生まれない。

その意味では、駆除した獲物を食肉として利用していこうという最近の動きは意味があることだろう。自分たちに害を与える存在だった野生動物がおいしい肉として自分たちに利益をもたらしてくれることになれば、山間部での人間と野生動物の不幸な関係が少しは改善するはずだ。最近は自治体が処理場を作って加工し、特産品として販売するなどの事業も増えてきている。

国内のフランス料理店の多くはニュージーランド産をはじめとしたアカシカなどの輸入シカ肉を利用している。流通量はそれほど多くなく、現在の全国のシカの捕獲数で余裕でまかなえる。知人のフランス料理のシェフによれば、調理法を工夫すれば、外国産との肉質や風味の違いは大して問題にはならないそうで、むしろ地元産のニホンジカが使えるなら歓迎する料理人も多いと言う。

ただ、何千万円もかけて巨大な処理施設を作ったり、商品化して本格的にビジネスに利用しようなどと考えるとまた間違った方向に進む可能性がある。今はシカやイノシシが増えているからいいようなものの日本のような脆弱な自然で、将来にわたってその数が維持されるという保証はない。生息数が減少してきたときにどうするか。ビジネスであるかぎり、捕獲ノルマも定められて、獲りやすい地域で集中的に捕獲されるということも考えられる。補助金など多額の資金を投入した獣肉処理場も、作った以上は一定数の獲物の処理を常に求められるだろう。場合によっては、その地域に獲物が減ったとしても獲り続けなければならないというジレンマに陥るのではないだろうか。分断された山塊の多い日本の森では、再び地域個体群の絶滅ということも容易に起こりうるだろう。

京都のある農家のおじいさんは、自分のサツマイモ畑を大きな柵で囲っていて、畑自体が巨大な囲いわなになっていた。

「さーて、今年はイモが穫れるか、イノシシが獲れるか。どっちかというとイノシシが食いたいなあ」

獣害対策もこれくらいの感じで楽しみながらした方がうまくいくのかもしれない。

したたかなイノシシ

イノシシの性質

犬は犯罪捜査にも使われるほど嗅覚に優れていることが知られているが、イノシシもそれに勝るとも劣らないと言われている。嗅覚が鋭いのは、イノシシを家畜化した種である豚が、地中のトリュフ（世界三大珍味の一つで、キノコの一種）を探すのにヨーロッパで使われていることからもよく分かる。

僕がしかけるくくりわなのにおいにも敏感に反応し、わなを上手に避けていく。賢いやつになると、僕がカモフラージュに使った落ち葉や土だけを鼻で丁寧にどけて、わな本体を確認してからけもの道をUターンしていくこともある。イノシシの嗅覚の鋭さは猟師にとってはなかなか厄介だ。

獣害対策用品の中にはそんな嗅覚の鋭さを利用したものもある。木酢液や唐辛子など刺激の強いにおいのあるものや、イノシシが本能的に警戒するとされるオオカミやライオンのふん尿なども販売されている。人間の髪の毛を縛り付けておくとよいという話もある。ただ、実際に使った人の話を聞くと、最初は来なくなるがだんだん慣れてきて効かなくなることがほとんどのようだ。

イノシシの獣害対策では、箱わながよく利用される。農地周辺にしかけられることが多く、農家が自ら設置している場合もある。くくりわなのような、小さなわなのにおいにまで敏感に反応するイノシシが、なぜ金属製の柵が丸見えの大きな箱わなに入って捕らえられるのか、普通に考えたら不思議に思えるかもしれない。

この二つの事例を比べることで、イノシシの特徴的な性質がよく分かる。

猪突猛進というイメージに反して、イノシシは本来臆病で、変化に対しては異常に警戒心が強い。しかし、環境への適応能力が高く、慣れてきたらびっくりするほど大胆でずうずうしい。人間のにおいがぷんぷんする農家の納屋にトタンを破って侵入して種イモを食い荒らしたりもするのだから、徐々に餌付けして警戒心を解いていけば、箱わなにも入るようになるわけだ。

嗅覚を利用したイノシシよけがだんだん効きにくくなるのもこれで説明がつく。そのにおい自体を嫌がっているというよりは、その場所の変化を警戒しているのだ。ちょっとずつ近づい

てみて「においがしていても特に危険はない」ということを学習してしまうと、もう効果はなくなってしまうのだろう。例えば、市街地にまで出没することで全国的に有名な神戸のイノシシたちは、においのきつい整髪料や洗剤の空き箱などの入った家庭ごみの袋を平気であさっている。

芸を覚えるイノシシ

イノシシの学習能力の高さはあなどれない。

京都御所の西側に位置する護王神社は、イノシシと縁のあるちょっと変わった神社だ。祭神である和気清麻呂《わけのきよまろ》の危機を三百頭のイノシシが救ったという伝承があり、入り口には狛犬ならぬ狛イノシシが置かれている。

この護王神社にはお正月になると本物のイノシシがやってきて、参拝客の人気を集めている。なかなか芸達者で、玉乗りやスケボー、サッカーなどの曲芸を披露してくれる。調教師の言うことを聞いて、ちょこんと座っている様子はまるで犬のようだ。

神戸のイノシシの中には餌付けされて芸まで仕込まれている個体もいる。パンの耳を欲しがって犬のように後ろ脚で立ってチンチンまでするそうだ。

くくりわな猟では、イノシシの踏み込みが甘かったりすると、わなは作動したものの足をうまくくくれないことが時々ある。これを空弾きという。こうなるとたいていのイノシシはわなを警戒するようになる。また、仲間がわなにかかった様子を目撃したイノシシも捕獲の難易度は上がる。先述した落ち葉をどけるイノシシなどは、経験を積んで確実にわなのことを知っている老練な個体である。

この学習能力の高さは、農家にとっても悩みの種だ。最近はネットやトタンで囲ってあるところにはおいしいものがあると知っているとしか思えない行動をするイノシシがいる。しっかり囲ってあればいいが、中途半端な囲いはもはや逆効果になりかねない。

野生の技術伝承

イノシシ対策に有効だとされる囲いに電気柵がある。農地の周りにぐるりと張った二〜三本の電線に電気が流れていて、動物が触れると電気ショックを与え、侵入を防ぐ仕組みだ。

しかし、この電気柵は、周辺の草刈りがしっかりされていないと漏電して電圧が下がったり、設置場所が悪いとうまく電気が流れないなど、維持・管理がなかなか大変だ。山あいの農地では、傾斜や地面の凹凸などが多く、しっかり張ったつもりでも上から飛び越えられたり、下をくぐられたりすることもよくある。

以前、友人の田んぼに侵入したイノシシの痕跡を調査したことがある。電気柵の設置は僕が見る限りしっかりできていたが、そのイノシシは上手に電線の下をくぐっていた。まだ一歳くらいの小ぶりな個体だったが、電気柵には鼻で触れなければなんとか通れることを何かの拍子に学習してしまったようだった。イノシシは鼻でいろいろ探ってから行動する習性があるので、普通ならたいてい電気ショックを受ける。逆に全身を剛毛で覆われているイノシシは、鼻さえ触れなければ、電気柵の威力はほとんどないと言っていい。

この仕組みを知ったイノシシが増えたら農家にとってはとてもやっかいなことになる。一度入れると分かったら、なんとしてでも入ろうとするのが野生動物だ。野生動物は餌のとり方をはじめ生活のイロハを、当然親から学習する。イノシシは多産なうえ、メスと子どもたちは群れで行動する習性があり、その中で「知識」や「技術」は広がっていく。猟師から「箱わなをやり始めた当初はたくさん獲れたが、最近はイノシシが全然入らなくなった」という話をたまに耳にする。

群れの中のヤンチャな性格の子イノシシが、みんなが入れないと思っていた電気柵の下を偶然くぐった。兄弟たちが続き、それを見ていた用心深い老イノシシが慎重に様子をうかがう。そんな光景が目に浮かんでくる。

したたかなイノシシの現代的生活

山間部の農村では、過疎・高齢化で離農も進み、休耕田や耕作放棄地が目立っている。山から降りてきたイノシシにとって、放置されて雑草が生え放題のそんな田畑は姿を隠すのにちょうどよく、そこを通り道にして農地に侵入していると言われている。しかし、現実はそんな穏やかなものではない。

学生時代に知り合った奈良大学の高橋春成《しゅんじょう》教授のイノシシ調査を手伝ったときのことだ。高橋さんは生物地理学が専門で、農村部でイノシシの生息状況と農業被害を数年にわたって調査していた。その方法は箱わなで捕獲したイノシシに発信機を取り付けてその動向を調べるというものだった。僕が頼まれたのは、しばらく一カ所から動かなくなっているイノシシを発見することだった。おそらく死んでしまったのだろうが、何人かの学生が探してまわっても見つからなかったという。僕は、初めて使う手持ちのアンテナに戸惑いつつも、発信音とけもの道を参考に追跡し、骨と皮だけになったイノシシを見つけ出し、発信機を回収することができた。

そのとき、ほかにも何頭かのイノシシの一年を通した行動範囲を記した地図を見せてもらった。調査した場所は滋賀県の山あいの田園地帯。農地は防獣ネットや電気柵で個別に囲われているのだが、モザイク状に休耕田が広がり、藪を好むイノシシにとっては最高の環境だ。データを見るとイノシシは休耕田で何日も寝泊まりしていた。つまり、休耕田はイノシシの通り道どころか、生活空間そのものであり、それを集落の中に作りだしてしまっていることになる。

高橋さんはシシ垣という、江戸時代以前の獣害対策の研究もされている。それは集落全体を囲う石垣や、木製の柵で、日本各地に点在していた。当時のシシ垣が残っている場所にも案内していただいたが、僕の身長よりはるかに高い石積みが続く、かなり大規模なものだった。あれだけの石を運んで垣を作るのは大変な作業だったに違いない。当時の獣害もそれだけのことをしないと防げないくらい深刻だったということだ。

江戸時代のシシ垣と比べて、個々の農地が柵に囲まれて、そのすぐ隣に「簡易宿泊所」になる休耕田がある現代の農村は、その囲いの総延長距離だけを考えても効率が悪い。また、地域で一丸となって獣害対策をしていた時代と比べ、個人に責任がある現代では、対策の甘い農地がどうしても出てくる。こんな状況は野生動物たちにとっては断然与《くみ》し易いだろう。近年は、集落柵の重要性が指摘されるようになり、獣害対策の進んだ地域では、現代版シシ垣とも呼べるような大規模な防護柵の設置が相次いでいる。

ちなみに、現代では「シシ」と言うとイノシシを指すのが一般的だが、江戸時代以前は大型の四足動物の総称として使われていた。シカはカノシシ、カモシカはアオシシなどと呼ばれ、クマもシシに含める地域もあったようだ。

人間の生活の変化とイノシシの暮らし

山が荒れて食べ物がないから野生動物が里に降りてくると言われることがよくあるが、そんなに単純な問題でもない。

「昔、稲のイノシシ被害が少なかったのは、今みたいに早生の品種が主流じゃなく、山にドングリが実る頃に稲も実をつけていたからだ」と言う人がいる。

確かに早生の稲穂が実る九月頃は山にドングリはまだなく、一年の中でも冬季とともにイノシシが最も食べ物に困る時期である。植物の根茎などを食べてしのいでいるが、基本的に空腹だ。秋になれば放置された里山林は豊富な餌で溢れる。そんなときは、イノシシはわざわざ危険な農地に侵入したりはしない。一理ある説である。

イノシシはなんと言ってもドングリが大好きで、秋は食料の少ない冬を越すために大量に食べる。だからこそ冬場の猟期に捕獲するイノシシは脂が乗っていて大変おいしくなる。餌の少ない冬を乗り切ったら、春先はタケノコをよく食べる。ドングリのなる大木が林立し、放置竹林も増えている最近の里山はイノシシにとってはとても魅力的な生活環境になってしまっている。

また、雑食性なのでミミズやサワガニ、ヘビ、昆虫も食べる。山際の空き地や農地の畦などが掘り返されているのは、それを探しての行動である。

一年を通してイノシシが山でどういう暮らしをしており、人間の生活の変化がそれにどういう影響を与えたか、狩猟でも獣害対策でも常に考えておく必要があるだろう。ドングリが豊作の年もあれば凶作の年もある。それによってもイノシシの行動は当然変化する。

イノシシたちは人間社会の変化に柔軟に対応している。猟期に入ると鳥獣保護区から出てこなくなるイノシシがいる一方で、安全だと分かると真っ昼間に市街地に出没する神戸のイノシシがいる。全国的に問題になっている獣害問題では、イノシシに対応しきれず、人間側が後手後手に回ってしまっている感が否めない。

イノシシたちは人里近くの森の中を用心深く静かに歩き、夜陰に乗じて農地に侵入する。毎年春にはたくさんのウリボウが生まれ、チビたちがじゃれあった痕跡が山の中で見られる。民家のすぐ裏の藪の中で堂々と眠っているときもある。

猟のために山に入ると、イノシシたちの生活の様子の断片がそこかしこに落ちている。

わな猟の楽しみ

尻の追っかけ合い

十一月十五日の狩猟解禁をひかえて、獲物の痕跡を求めて山に入った。そこは、数ある猟場の中から獲物の気配が一番濃いと判断した山だ。林道からちょっと逸れれば、森の中に動物たちの交通網が縦横無尽に張り巡らされている。その「けもの道」をたどって歩く。

僕の猟場は主に落葉広葉樹の森だ。猟期が近づくと落ち葉が降り積もり、きれいな足跡が見つかる場所は限られている。糞や食痕、木の傷や泥跡など獲物が残すあらゆる痕跡が彼らの行動をイメージするための手がかりになる。

昨夜のものと思われる痕跡を追っていくと峠道に出た。車道を挟んで反対側にけもの道は続いている。猟師の間でワタリと呼ばれる動物の横断場所は、シカや小動物が交通事故に遭う場所でもある。ちょうどこの近くで大きなオスジカが数日前に車にはねられて横たわっていた。車道ができる前からそこはけものたちの通り道で、山の交通を勝手に人間が寸断してしまっている。動物たちは律儀にそこを横断し、時に車と衝突する。

道路を横断し、けもの道をさらに進むと昔からあるヌタ場に着いた。その黄土色に濁った楕円形の水たまりは、昨日の夜にイノシシが泥浴びをしたことを如実に示している。そんな真新しいヌタ打ちの跡が見つかったらしめたものだ。前夜の行動は猟師に筒抜けになる。

泥浴び後、近くの松の木に体をこすりつけるヌタ擂りをしている。根元に滴った泥がまだ半乾きだ。そこから少し斜面を駆け上がっている。こういう場所には足跡がしっかりと残る。登り切ったところでぶるぶるっと身震いしてそこら中に泥の飛沫を飛び散らせている。情景が目に浮かぶようだ。そしてそこからは、イノシシにとってはいつものルートなのだろう、のんびりと移動している。そここに付いた泥の位置で体高が判断でき、体重は五〇キロくらいだと推測できる。単独で行動しているようなのでオスの可能性が高い。途中、林道に出てミミズを若干あさったのち、笹藪を抜けて、山の奥の方へと消えていった。泥浴び直後のイノシシなら注意深く痕跡を探れば一キロくらい追跡が可能なこともある。

しかし、こんなことを考えながら僕が山を歩いた日の夜には、今度はイノシシがその優れた嗅覚で僕の痕跡探しをしているだろう。なんか変なやつがウロウロしているなあ、と感じているに違いない。警戒心の強いやつなら、それだけで行動範囲を変化させる。前日の行動だけを信じてわなをかけたら、その後はまったくその道を歩かなくなったということもある。イノシシによって性格も様々だ。臆病なやつもいれば、のんびり屋もいる。若い個体と年寄りではまた反応も違う。イノシシにはその種として決まった性質は当然あるが、それぞれの行動からは個性豊かで多様な性格が読み取れる。痕跡探しはそんなことを考えながら慎重に進めていく。猟期に入れば、こんな尻の追っかけ合いみたいなやり取りを毎日繰り返すことになる。

わなのにおい消し

山を見回った晩、倉庫からわなを取り出し、きちんと作動するかどうか一丁ずつ丁寧に確認した。その横では大鍋の中で、真っ黒い煮汁がもうもうと湯気を上げている。けもの道に倒れこんでいたカシの大木から剝いできた樹皮と、新しくわなに使うために四メートルに切ったワイヤーだ。一晩煮込んで、わなを獲物に気づかれないようににおい消しをする。カシの樹皮に大量に含まれるタンニンは、ワイヤーの銀色をどす黒く着色もしてくれる。これで新品のワイヤーも目立たなくなる。タンニンには獣皮をなめす効果もあるので、煮汁は皮なめしのためにとっておく。

最近猟を始めた人の中には「におい対策なんて必要ない」と言う人もいる。確かに獲物の数が増え、人慣れしたシカやイノシシも多い。僕もにおい対策が不十分だと思っていた猟場で簡単に獲物が獲れる機会が増えた。ただ、警戒心の強いやつはやっぱりそれでは獲れないし、いつまた獲物の数が減って捕獲しづらい状況にならないとも限らない。今の時代にはおまじない程度の意味しかないかもしれないが、わな猟の師匠の角出さんから引き継いだにおい消しの技法は続けていこうと思っている。

猟期の近づく十一月初旬、狩猟者登録証が届いたという連絡を受け、僕が所属する猟友会の会長であり、鳥の網猟の師匠でもある宮本宗雄さん宅を訪れた。一歩、家の中に足を踏み入れると、所狭しと家中にぶら下げられた網から独特のにおいが立ち込めている。柿渋だ。カシの樹皮と同じようにタンニンが含まれ、網を茶色く染め上げるとともに防水・防腐効果を高める作用がある。昔から漁網を染めるのにも使われてきた。柿渋は田舎に行けばどこにでも植えられている豆柿から作ることができる。

こんな風に自然界から必要な物が入手できるのは、ありがたい。僕が銃猟を行わず、わな猟にこだわる一番の理由もここにある。鉄砲はどう考えても自分では作れないが、今使っているわなは自作できる。現在はホームセンターなどで売っている資材を使っているが、その気になれば木のつるや樹皮などの植物の繊維やよくしなる木を利用することで、自然界のものだけで同じようなわなを作ることができる。どういう樹種がわなに利用できるのか、昔の猟師は誰でも知っていた。

ちなみに、柿渋を作る人が減り、クマやサルを人里におびき寄せるとして、豆柿の木は伐採されてしまうことが最近は多い。人と自然のかかわりが変化した結果だが、何とも残念な気持ちになる。

わなを入れる

ついに解禁日が来た。例年通り、早朝からわなを担いで山に入った。前日までの下調べで、どの山にわなを入れるかはすでに決まっている。十年以上、猟をしていると自分の猟場はある程度決まっていて、十〜二十くらいの山の中からその年に獲物の気配の濃い場所を二、三選ぶ。

猟場というのは、自分がこれまでわなをかけたことがある場所で、ある意味「縄張り」だ。

わな猟の縄張りは厳格ではないが、「あの山には誰それさんが毎年わなを入れている」という話を聞けば遠慮するし、新たに入った山にわなの痕跡があればそこも避ける。山でほかのわな猟師に会ったら、そこで話をして片方が引く。ほかの地域のことは知らないが、僕のいるあたりではわな猟師同士でのトラブルはあまり聞いたことはないし、無届けの違法わなもほとんど見ることはない。

銃で猟をする人たちは犬を使うので、グループによってはわなを嫌がることがある。僕だってかわいがっている犬が山でわなにかかったら嫌な思いをするだろう。僕のわなは犬がかからないような工夫はしてあるが、猟場を選ぶうえでも銃猟の人たちと競合しない場所を探すことにしている。何年も猟をしていたらどこに銃猟のグループが入っているかは分かるので、おのずと住み分けはできるようになってくる。

猟を始めた頃は、解禁日にわなを設置しているとあちこちの山からドーンッという銃声が聞こえたりして、イノシシと間違われて撃たれはしないかとハラハラしたものだ。実際、銃口を向けられた知人もいる。よく「猟師さんていうと山奥で毛皮着て生活してるようなイメージがある」と言われるが、少なくともわな猟師が、そんな格好をして藪の中にしゃがみこんでゴソゴソしていたら、誤射されても文句は言えないだろう。わな猟師は毛皮厳禁である。

しかし、最近はそもそも銃声自体を聞く機会がずいぶん減った。猟師の減少と高齢化が問題となっているが、特に銃猟をする人がどんどん減っていっている。年々厳しくなる銃所持の規制もその一因だ。以前はわな猟のトドメ刺し用に銃を所持している人も多かったが、所持にかかる費用と締め付けの強化に嫌気が差して手放した人も少なくない。わな・網猟しかしない僕なんて気楽なものだが、銃猟をする人は警察が家に毎年チェックに来るし、不審な行動がないか近所の人や家族にまで聞き込みをされるそうだ。

銃猟が廃《すた》れ、引き継がれてきた伝統や技術が失われていくのはしのびない。

銃を使って追い山猟をする人たちは、「見切り」と言って、ワタリに残された足跡などから、その日はどの山に獲物が何頭いるか判断する技術を持っている。獲物の寝屋がどのあたりにあり、どこから追い上げれば、どのけもの道を通って逃げてくるかも知っていて、撃ち手を的確に配置する。わな猟とはまた違った形で山のことを熟知している。一人で痕跡を延々と追跡して見事獲物を仕留める忍び猟という技術もある。また、「一犬二足三鉄砲」と言われるくらい重要視され維持されてきた猟犬の血統や訓練の方法も、引き継ぐ者がいなくなれば途絶えてしまうだろう。

自分も動物だと思うとき

わなを山に入れたら毎日見回る。日本では一部の地域を除き、猟期は十一月十五日から二月十五日までの冬期の三カ月間だ。

猟期のはじめの頃は勘が鈍っている。見逃している痕跡もあるだろう。その後山を見て回る生活を続けるうちに、感覚が徐々に研ぎ澄まされてくる。

極端な話に聞こえるかもしれないが、小枝が一本ずれていたり、葉っぱが一枚裏返っているだけでも獲物の動きが伝わってくる。それらを一つ一つ認識するというよりは、そのけもの道が昨日と何かが違うと「なんとなく」感覚で理解できるようになる。その違和感を感じられるときは、自分も山の中で狙う獲物と同じ動物なんだと思えるときでもある。

獲物が獲れていると、野鳥の鳴き声だって普段と違ってくる。森の中でシカやイノシシといった大きな動物がわなにかかって暴れているのだから、ほかの小さい動物たちの行動が変化しないはずはない。森に足を踏み入れただけで、〈あ、今日は獲れてそうだな〉と思えるときが実際ある。当然、脳裏にある、狙っている獲物の前日までの行動パターンやその猟場に獲物がやってくる周期、前夜の気象条件などによってもその感覚は裏打ちされているのは言うまでもない。

解禁から二週間ほど過ぎた十二月の最初の日曜日、朝から見回りに出かけた。林道に軽トラックを止め、森の中に足を踏み入れる。何かが普段と違う。けもの道をたどっていく。若干の乱れを感じる。しばらく行くと、降り積もった落ち葉を踏み抜いた跡や削れた地面が目についた。何か動物が向こうから慌てて走ってきた痕跡だ。さらに丁寧にそれを見ていくと、歩幅や足跡からシカだということが分かる。大きさの違う二頭が走っている。この時点で、「空弾きしたわなにびっくりしたシカの群れが走ってきた」か「群れのうち一頭がわなにかかり、残りのシカがびっくりして逃げた」かの二択となる。もう少し行くと今度は崖を駆け上るようにけもの道から外れて逃げたもう一頭のシカの足跡。空弾きにびっくりしただけでは、ここまで焦らない。もうシカが獲れているのは確実だ。

そのうち、今度は嗅覚に訴えてくる。イノシシとはまた違うシカ特有のにおいだ。そして、視線を藪の向こうへ送ると、その先にはわなにかかったメスジカの姿が見える。彼女もこっちをじっと見つめている。

人間が森にできること

ナラ枯れ

数年前、自宅のすぐ裏の二本のコナラが枯れた。ともに幹の直径が四〇センチ以上の大きな木だった。毎年猟期が近づくとたくさんのドングリを実らせ、落果の時期になると屋根に当たる音がうるさいくらいだった。それを狙ってやってくるイノシシと夜にばったり遭遇したのも一度や二度ではなかった。

裏山に足を踏み入れると、さらに多くの巨木が立ち枯れている。俗にいうナラ枯れだ。カシノナガキクイムシという昆虫が持ち込む菌が原因で、クヌギやカシなど、ドングリを実らせる木々が被害に遭う。寒さがしのげ、たくさんの幼虫が育つ巨木はキクイムシに狙われやすい。僕の暮らす京都ではこの五年くらいの間に景観問題に発展するくらいたくさんの木々が枯れていった。山の動物たちの大切な食料をたくさん実らせてきた木々だ。ドングリが主食のイノシシたちはやはり苦労しているようで、ここ数年で新たな餌場を求めてだいぶ行動パターンが変わった。枯死木の枝もそこら中に落ち、けもの道をふさいでいる。

こうした大規模なナラ枯れは全国各地で発生しているが、いわゆる里山と呼ばれる地域に集中している。里山とは奥山とよく対比的に用いられる言葉で、人間の生活するエリア周辺の山林、農地、ため池、草地など全体を指すのが一般的だ。広葉樹の生い茂る里山の森は自然林だと思われがちだが、薪や炭などに利用するためにコナラやクヌギなどの樹種が優先的に育成され、伐採が繰り返されてきた人工林だ。時代を経て燃料が石炭、石油と変化する中で放置され巨木になった。里山林に入るとドングリをたくさん実らせる大きな木がたくさん生えていて、豊かな森だと思ってしまいがちだが、それは人間が恣意的に作ってきた森の成れの果ての姿だ。そして、その巨木群はキクイムシにとって格好の越冬・繁殖場所となった。

枯れてもよいのでは？

ナラ枯れの予防措置はキクイムシが入り込まないように木の周りにぐるっとビニールシート

を巻くのが一般的だ。枯れてしまった木は被害が広がらないように伐採され薬剤が散布される。ただ、あまり人が立ち入らないような山の中で、「薬剤散布済み」と書かれたシートで覆われたぶつ切りのコナラの木なんかを見ると、枯死したままほっといたらいいんじゃないかと思う。

確かに人家や道路の近くの倒木の危険のある木や神社の御神木などには対策が必要だと思うが、旧里山林の増えすぎたドングリの木はキクイムシに適度に枯らしてもらった方がいいと思うのは無責任なんだろうか。イノシシが増えすぎて大変だという人には、むしろ人里近くから餌となるドングリが減るのは歓迎すべきことではないのだろうか。

日本の里山では、明治期に北米から入ってきたとされるマツノザイセンチュウという線虫によるマツ枯れが一九七〇年代後半に激しくなった。これも利用されなくなったアカマツ林が、線虫を運ぶマツノマダラカミキリを増やすのに適した環境になったからだとされる。そうして、かつての里山の主要樹種の一つであったアカマツが各地で大量に枯死していった。その過程で多くのアカマツ林はコナラを中心とした広葉樹の林へと遷移していき、必然的に野生動物たちの餌となるドングリの量は増加した。さらに、放置された里山には身を隠すための竹林や藪も多く、動物にとっては絶好の住処になってしまっている。

里山の役割

かつての里山は建材や薪炭を供給してくれる山林だけでなく、屋根の材料や家畜の餌を提供してくれる茅場や農地、ため池、水路などが総合的に管理されて成り立っていた。森からは山菜やキノコなどの食べ物に加えて、油や蠟、繊維、染料、民間薬など生活に必要な物が手に入った。そうやって利用し続けることが様々な樹種を育み、豊かな森の維持にもつながったし、多様な生態系を生み出しもした。

それが今や、裏の山でいくらでも間伐材などの燃料が手に入るにもかかわらず、太陽光パネルを載っけたオール電化住宅が各地の山間部の集落で珍しくない。山や自然とかかわらなくても暮らしていけるようになれば、誰もそこに関心を持たなくなってしまうだろう。

里山は人間と野生動物の緩衝帯として機能していたと言われている。人間が積極的に山林に立ち入り、整備することで、野生動物が人里へ降りてきにくくさせていたという説だ。ここで言う里山は、シカやイノシシ、サルなどの生息数が激減していた昭和の里山について言われることが多いので、僕は無条件に同意はできない。また、野生動物と、人間の住む場所は、そんなに単純には切り分けられるものだろうか。森林が利用されることで林床に光が届き下草が生え、ノウサギのように生息数を増やした動物もいれば、人間の生活に密着して暮らすイエネズミや、それを捕食するイタチなどもれっきとした野生動物だ。緩衝帯という発想自体、一部の野生動物に当てはまるものに過ぎない。ただ、家のすぐ裏までクマが来ていても、その存在にすら気づいていない人も多い田舎の現状と比べるならば、かつての里山の状態が一定の抑止効果を持っていたのは確かだろう。少なくともそこで暮らす人々の目は森の方を向いていた。

「手付かずの自然」などない

「自然は人間が手を加えず、そのままの状態にしておくのがいい」という主張をよく耳にする。しかし、それが当てはまるのは海外の広大な原生林などの話で、日本の森にはほとんど当てはまらない。日本の森は一部の原生林を除けば、人間が積極的に利用・改変してきた森ばかりだ。散々人間が手を加え、アンバランスな状態にしておいて、そのまま放置するのは、「自然保護」ではなくむしろ「自然破壊の継続」だろう。今回のナラ枯れの大流行というのも放置したがゆえに起こったものだ。

戦後、里山から奥山に至るまで大規模に針葉樹が植えられた。一部の地域で植えられたカラマツなどの落葉針葉樹なら冬場には日が差し込むが、スギやヒノキなどの常緑針葉樹の森はそのままにしておいたら薄暗いモヤシ林になってしまう。そこには動物たちの食べ物はほとんどない。伐採コストのかかる奥山ほど放置される傾向にあり、奥山から里山周辺への野生動物の生息域の移動に拍車をかけた。猟を始めた頃、シカやイノシシの痕跡を求めて、近隣の山を奥の方までくまなく歩いたが、結局気配が濃いのはみんな人里近くの森だった。

里山を主要な生息地とした動物たちが、そのすぐそばに広がる整備された植林地やおいしい野菜の実る農地に目をつけるのは当然のことだろう。山が荒れて食べ物がないから野生動物が人里に降りてくるのではなく、人間が好き勝手に森林を改変してきた結果、彼らの生息地が変化し、獣害が発生しやすいような状況を自ら作り出したということにほかならない。下草や幼木を食べ尽くしたシカたちが、これまで食べなかった木の樹皮までかじって森を枯らしている現実も見つめる必要がある。生態系の上位捕食者であるオオカミまで絶滅させてしまった日本の森で「手付かずの自然」など、もはや幻想でしかない。

パートタイムの捕食者

見晴らしの良い草地でのんびり草をはむシカや、逃げ場のない河原で昼寝をするイノシシの親子。一部の鳥獣保護区などで見られる光景だ。その様子は一見微笑ましいが、本来の野生の姿ではない。彼らは常に自分を狙う肉食動物を警戒し、ずっとビクビクしながら長い歴史を暮らしてきたはずである。野生動物の世界では、油断した者、弱った者は命を落とし、賢い者、力のある者だけが生き残ることができる。だからこそ、あのような素晴らしい跳躍力や突進力、立派な角や牙を身につけたのだと思う。

オオカミを絶滅させた僕たちは、その責任をとる意味でもしっかりと猟をする必要がある。オオカミは相手を捕食するだけでなく、常に森の中に存在することで、シカやイノシシの行動に影響を与える。オオカミの縄張りや狙われやすい場所に彼らは近づかないので、山野草が食べ尽くされることもなく、若木も育ち森林が更新できると言う。

オオカミに比べ、仕事に行ったり、夜には家で眠ったりする僕たち猟師は所詮パートタイム的働きしかできない。それでも、人間も太古の昔からずっと森に分け入り猟を続けてきた。大変自分勝手な物言いに聞こえるかもしれないが、恐怖を与える者としての猟師の存在は、自然界で生き抜いてきた彼らの野生の尊厳を守ることにもつながるのではないかと思っている。最近は、群れごと捕獲して狩猟された経験のある賢いシカを作り出さないという有害駆除が流行《はや》りつつあるが、僕はむしろ人間を煙にまくような頭の良いシカを自然界に残すのが猟師の存在意義ではないかと常々思っている。

雑木林の始まり

我が家の裏では巨木が枯れて日当たりの良くなった地面に、たくさんの山野草や若木が芽を出している。アカメガシワやカラスザンショウ、タラノキなどの成長の早い陽樹がどんどん育っている。雨の多い日本の森では、太陽の光さえあればこうやって木は勝手に生えてくる。これまで休眠状態だった種子が活動を始めたのである。コナラやクヌギの幼木もその隙間に顔を出す。僕が毎年獲っているおかげか、シカによる食害もまだましだ。このあたりの森はゆくゆくは照葉樹林へと遷移していくと言われているが、自然な移り変わりの始まりだ。旧里山林のアンバランスな林が、多種多様な木が混在する雑木林へと戻ろうとしているとも言える。

枯死木にはおびただしい数のキノコが生え、幹の上の方ではキツツキが熱心に昆虫をほじくっている。倒れた木の下はイノシシに掘り返され、どうやらカブトムシの幼虫を食べているようだ。みんなナラ枯れを受け入れ、利用している。僕も裏山の枯死木を切り出してきてはせっせと薪作りをしたり、キノコ栽培のための原木に使っているが、していることは彼らと似たようなものだ。

キクイムシにやられても生き残っているドングリの木もたくさんある。横の木が枯れたらそのうち枝ぶりが良くなってドングリのなる量も増えてくるだろう。自然が自らバランスをとろうとしているなんて言うときれいごとに聞こえるかもしれないが、在来種のキクイムシが増えるにはそれなりの理由があるはずだ。

利用されなくなってしまった現在の巨木が林立する里山林を、この現状のまま維持するのは無理がある。放置され続けてきたところに起きたナラ枯れは防ぐべきものなのだろうか？　ナラ枯れは必然的なもので、この変化を受け入れたうえで、利用していくというのが、今あるべき人間と森とのかかわり方なのではないだろうか。現代の便利な世の中で、かつてのような里山林の利用はもう現実的ではない。薄暗い奥山の人工林の問題も含め、人間と森との新たな付き合い方を模索すべき段階に来ているのだろう。

人間が森にできること

ドングリの多い山がすなわち良い山ではない。猟を始めた二十代の頃、裏山にドングリの巨木がたくさんあるのがうれしかった。典型的な旧里山林だったそこは、イノシシが頻繁に訪れる最高の猟場だったし、他の動物にとって豊かな山だと思っていた。日当たりを良くしてたくさん実がなるように、リョウブやヒサカキ、ソヨゴなどの木を間伐して薪にしていった。

しかし、ニホンミツバチを飼うようになって、伐採した樹種がみんなミツバチにとっては大切な蜜源だということを知った。森林性のニホンミツバチは四季折々の森に咲く小さな花に集まって花粉や蜜を集めていく。ミツバチが豊かに暮らすには、多種多様な「雑木」の林でなくてはならないということに、そのとき初めて気づかされた。僕の「豊かな森」づくりのための間伐はなんとも浅はかな発想だった。しかも、それは典型的なナラ枯れを誘発する行為だった。ひとりよがりな森の改変は必ずしっぺ返しを食う。

自分が獲物としない鳥やけもの、虫たちの視点も忘れてはいけない。受粉昆虫が減れば森の草木の活性は失われるし、虫を餌とする鳥や小動物も減る。狩猟だけでなく、渓流魚や山菜、キノコ、果実などの森のめぐみを一年を通してバランスよく利用する暮らしを続けてこそ、豊かな森林とはどういうものなのか理解できるようになるのだろう。そんなちょっと考えれば当たり前のことをミツバチに教えられた。よく「猟師は森の番人」などと言われることがあるが、そんなことはない。猟師の知っている山や動物の生態はある一面でしかない。林業家や里山ボランティアの方が詳しいこともたくさんあるし、研究者や昆虫・野鳥の愛好家もそれぞれ専門的な知識を持っている。多様な人が山を必要として暮らすのが山を守ることにつながる。

田舎で勝手に生えてきて厄介者扱いされるカラスザンショウという木がある。幹にはトゲがあるし、サンショウと言うものの、実は人間の食用には向かない。だいたいカラスとかイヌとかいう名前を植物につけるのは人間があまり価値を見出していない証拠だ。しかし、ミツバチなどの訪花昆虫にとっては花の少ない夏に咲く貴重な蜜源植物であり、その実は野鳥の餌になる。森の中で大木に育つカラスザンショウの豊富な葉っぱを食べて、アゲハチョウの幼虫がすくすく育っていく。

いろんな生き物とのつながりを意識して、実際に森に入って暮らしてみないと分からないことはたくさんある。動物の命を奪ったり、木を切ったりすることは自然を壊しているようにも思えるかもしれないが、僕は本当に自然を破壊するのは、森とのかかわりもないままに自然保護だ管理だと言っている人たちだと思っている。

※本書に挙げたインターネット上の情報は、二〇一五年七月現在のもので、一定時間後見られなくなったり、内容が変更されたりする可能性があります

見つめるシカ

猟期〔P4〕 鳥獣保護法では猟期は十月十五日〜四月十五日の半年間と規定されているが、施行規則により長らく十一月十五日〜二月十五日の三カ月間に短縮されている（北海道など一部地域は期間が異なる）。京都では二〇一〇年度からシカの猟期が一カ月延長されて、十一月十五日〜三月十五日までとなった。一一年度からはイノシシについても同様の措置が取られている

シカの角で刺されて死亡した事件〔P5〕「シカに刺され牡鹿町で男性死亡／宮城」（「朝日新聞」二〇〇二年十月二十一日）

トドメ刺し〔P6〕 猟師は「止《と》めさし」と言う。「止め」と略されることもあり、銃による止めさしは「止め矢」とも言われる。本書では「トドメ刺し」という、一般的な表現を使った

狩猟に関する法律〔P7〕 日本において狩猟は「鳥獣の保護及び管理並びに狩猟の適正化に関する法律（通称：鳥獣保護法）」で規定されている。対象となる鳥獣や、猟期、猟法、狩猟免許取得の手続きなどの細かな事柄は「鳥獣の保護及び管理並びに狩猟の適正化に関する法律施行規則」で定められている

自由狩猟の鷹狩り〔P7〕 波多野鷹『鷹狩りへの招待』（筑摩書房）では、鷹の訓練法や実猟の様子、鷹狩りの歴史などが著者の経験に沿って記されている

家畜の解体〔P7〕「何人も、と畜場以外の場所において、食用に供する目的で獣畜をとさつしてはならない」（と畜場法第十三条）。ここでの「獣畜」は「牛、馬、豚、めん羊及び山羊」と定義されている。なお、届け出を行った上での自家消費目的の屠殺や事故・疾病時の緊急屠殺は例外として認められている

イノシシのいない森

イノシシとイノブタ〔P15〕 イノブタは、豚とイノシシを人為的に交配させた種で、食肉用の家畜として飼育される。北海道や小笠原諸島など各地で野生化し問題となっている

渥美半島のシカ・イノシシの絶滅〔P15〕 田原市博物館ホームページ内「2006年度　展覧会案内」の「田原の歴史〜遺跡出土の骨・貝からみる渥美半島の自然」

イノシシが海を泳いでやってきた〔P15〕「雑記帳：長崎県・壱岐島にイノシシが泳いで上陸するのを防ごうと…」（「毎日新聞」二〇一三年十月二十一日）には「イノシシがいないといわれた島で3年前、1頭が泳ぎ着くのが目撃された」とある

答志島のイノシシ〔P16〕「イノシシ：泳いで島に侵入、居座る？　昨年に続き稲田荒らす——鳥羽・答志島」（「毎日新聞」二〇一一年九月十四日）

狩猟や有害駆除による捕獲数〔P16〕 環境省自然管理局が設ける「野生鳥獣の保護及び管理」のホームページ内「鳥獣関係統計」や「捕獲数及び被害等の状況等」が参考になる。様々な狩猟鳥獣の捕獲数や農業被害、人身事故の状況、狩猟免許に関する各種データが掲載されている

猪飢渇と東北のイノシシ個体群〔P17〕

「同年（一七四九年・引用者注）二月、十二月には大規模なイノシシ狩りが行なわれ、それぞれ八百四匹、四百四十六匹を獲ったが、焼け石に水であった」（福井英一『イノシシは転ばない――「猪突猛進」の文化史』（技報堂出版））。いいだもも『猪・鉄砲・安藤昌益「百姓極楽」江戸時代再考』（農山漁村文化協会）では、東北のイノシシ個体群の絶滅の原因は明治期に豚コレラが流行したためだとしている

石川県のイノシシの捕獲記録〔P17〕近年捕獲数が急増している。石川県ホームページ内「第2期石川県イノシシ保護管理計画」によれば、一九五三年までは捕獲実績がなく、九三年までは十頭以下の捕獲数だったのが、二〇〇五年には千頭を超え、一〇年には約二千三百頭が捕獲されている

石川県の石碑〔P17〕「津幡運動公園に入る手前の小高い丘に、駆除したイノシシの供養碑「猪塚（ししづか）」が立っています。1774（安永3）年から翌々年にかけて大雪が続き、山奥でエサがないイノシシが多く出没し、山里の作物を食い荒らしました。そのため、藩では役人を派遣して大規模なイノシシ狩りが行われ、数千頭が殺されました。村人たちは証拠として尻尾を持っていくと、イノシシ1匹につき米1升の褒美（ほうび）がもらえました。その尾を集めて埋め、供養した石碑がこの猪塚です」（津幡町ホームページ内「津幡町観光ガイド」）

猪鹿追詰〔P17〕対馬へのサツマイモの移入に尽力したことで知られる陶山訥庵《すやまとつあん》が実施した獣害対策。伊藤章治『サツマイモと日本人』（PHP研究所）や、対馬野生生物保護センターホームページ内季刊誌「とらやまの森（1998／11／01第3号）」に詳しい

アイヌ民族のエゾシカ猟と和人の乱獲〔P18〕旭川市博物館ホームページ内に資料として残る「第61回企画展「野生動物と生きるということ」～エゾシカの過去・現在・未来～」の冊子には、江戸時代のアイヌのシカ猟の実情や、エゾシカの激減でわずか二年で操業停止となった美々《びび》鹿肉缶詰製造所が紹介されている

里山の多くがハゲ山〔P18〕太田猛彦『森林飽和　国土の変貌を考える』（NHK出版）

過度な捕獲〔P18〕江戸時代からの獣害対策や武士の狩りに加え、明治以降の庶民による狩猟の自由化も乱獲につながった。中西悟堂『鳥を語る』（春秋社）によれば、明治初期から戦後にかけて多くの希少な鳥類なども乱獲され、激減したという

メスジカの狩猟が全面禁止〔p18〕一部の都道府県ではシカの個体数回復に伴い、一九九〇年代から一定の条件のもとメスジカの狩猟を解禁する措置が取られていた。僕の暮らす京都でも、狩猟者登録時に配布される「鳥獣保護区等位置図」に「メスジカ捕獲可能区域」という色分けがあったのを覚えている。僕が猟を始めたのは二〇〇一年だが、最初の獲物はメスジカだった。ただ、全国で禁止解除となったのは二〇〇七年で、この対応の遅れがシカ急増の一因であるとも言われる

多くの農民が鉄砲を持ち〔P18〕武井弘一『鉄砲を手放さなかった百姓たち　刀狩りから幕末まで』（朝日新聞出版）は江戸時代の百姓たちの暮らしの実態を書き、「武士よりも鉄砲を持」っていたと記している

徳川家康も大規模な巻狩り〔P19〕「天正13（1584）・15年には徳川家康、慶長15年（1610）二代将軍秀忠が、渥美半島で大がかりな巻狩りを行ないました。蔵王山ではシカ247頭、イノシシ22頭、若見町ではシカ150頭、イノシシ34頭を捕獲したとあります。いかに渥美半島にシカ、イノシシがたくさんいたことがわかります」（田原市博物館ホームページ内「2006年度展覧会案内　渥美半島の自然」）

シカと人間の暮らし

奈良のシカの現状〔P22〕「奈良のシカ駆除検討　公園外　食害絶えず」（「朝日新聞」二〇一二年十一月九日）。奈良県ホームページ内「奈良のシカ保護管理計画検討委員会」掲載の各種会議資料によれば、現在のところシカの被害対策は、防鹿柵の設置を中心に検討が進んでいる

春日山原始林の生態系被害〔P22〕シカが食べないナンキンハゼやナギなど元々春日山原始林になかった樹種ばかりが増え、本来の植生が失われつつあると危惧されている。前迫ゆり『世界遺産 春日山原始林照葉樹林とシカをめぐる生態と文化』（ナカニシヤ出版）に詳しい

シカの森林内での食害〔P23〕各地でシカによる山野草の被害が頻発しているが、なかには逆のケースもある。「毒性保有でシカが敬遠　県指定の絶滅危惧種クリンソウ群生拡大」（「神戸新聞」二〇一四年五月二十日）によれば、周囲の草が食べられたことによって、兵庫県の中山間地域では絶滅危惧種のクリンソウの群生が復活している。クリンソウは有毒物質を含むためシカが好まないとされる。確かに一時期僕も京都の沢沿いなどでよく見かけたが、最近はシカも食べるようになってきており、再び減少傾向にあるようだ。もともと人気のある山野草なので、目立つようになったことで、人間による盗掘も活発化したのだろう

外来種のボロギク〔P23〕僕の住んでいるあたりではダンドボロギクという種が最近増えてきている。この植物に毒性はなく、新芽や若葉をお浸しや天ぷらにして食べる人もいる。しかし、硝酸塩を多く含み、反芻動物が食べると酸欠状態になり死に至るため、シカは食べないとされている。二〇一四年、静岡県農林技術研究所森林・林業研究センターは、この特性に着目して硝酸塩入りの餌によるシカに限定した駆除の手法を考案した。ちなみに、ボロギクという名前の付く植物は、他にもノボロギク（有毒）、ベニバナボロギクなどがあるがいずれも外来種。なお、在来種のサワギクの別名がボロギクなので混同されやすい

京都大学の芦生研究林での調査〔P23〕「シカ食害で昆虫減少 芦生研究林、生態系に異変」（「京都新聞」二〇〇九年十一月四日）、「豊穣の森　芦生　激変する虫の楽園」（「京都新聞」二〇一〇年七月三十一日）

山野草を防獣ネットで守る〔P24〕正確には「乙訓の自然を守る会」の関連団体「西山自然保護ネットワーク」が行っており、両会のホームページで活動の一端を知れる。同様の活動は全国で見られる。二〇一五年二月の会報では、次の目標として「シカ半減で、防獣ネットを外す」と記している

戦後の拡大造林政策〔P26〕「特に、昭和30年代（1950年代半ば）以降は、石油やガスへの燃料転換により薪炭需要が低下するとともに、高度経済成長の下で建築用

材の需要が増大する中、薪炭林等の天然林を人工林に転換する「拡大造林」が進められた」（林野庁ホームページ内「平成24年度　森林・林業白書」）

列車との衝突事故〔P28〕「シカ列車事故増困った　府北・中部　年300回ダイヤ乱れ」（「京都新聞」二〇一一年二月十七日）

シカを外に押し出す衝撃緩和装置〔P28〕「JR東海　列車のシカよけ効果　スポンジスカートで遅れ減る」（「朝日新聞」二〇一四年一月十五日）

塩化カルシウムを舐めるシカ〔P28〕宮崎学『写真ルポ　イマドキの野生動物　人間なんて怖くない』（農山漁村文化協会）には、高速道路の橋脚の下に流れだした塩化カルシウムを舐めるために夜な夜な現れるシカの群れの写真が掲載されている

マダニに噛まれたら〔P29〕国立感染症研究所ホームページ内「感染症情報」から「重症熱性血小板減少症候群」のページを開くと、パンフレット「マダニ対策、今できること」へのリンクがある。マダニの生息場所、身を守る服装、山を歩く際に注意すべき点などが紹介されている

重症熱性血小板減少症候群（SFTS）〔P29〕厚生労働省のホームページには、重症熱性血小板減少症候群に関する国内での発生状況やウイルスの国内分布調査など様々なデータが掲載されている

辰馬考古資料館で行われたシンポジウム〔P30〕辰馬考古資料館二〇一二年度秋季展「絵画銅鐸の世界」シンポジウム

宇根豊さん〔P30〕宇根豊『虫見板で豊かな田んぼへ』（創森社）。宇根さんが代表を務めた「農と自然の研究所」は二〇一〇年に解散したが、ホームページの維持や出版物の販売など、一部の活動は継続されている

狩猟と有害駆除

シカ一頭につき四千円〔P32〕京都市では狩猟者登録をした者には、「シカ捕獲強化事業」に関する書類一式が配られる。それによると、報奨金は四頭目から支給され、最高で一人あたり七頭分二万八千円まで。獲物の体にペンキで捕獲年月日を直接記入し、捕獲者、捕獲場所を示した紙と一緒に写真に撮り、シカの下顎の前歯二本を添えて提出しなくてはならない

三十万頭の緊急捕獲〔P32〕農林水産省ホームページ内「鳥獣被害対策コーナー」にある「平成24年度鳥獣被害防止緊急捕獲等対策事業」を参照した。実施要綱や都道府県別の交付金の配分額なども記載されている

二百四十九万頭（二〇一二年度末）いるシカ〔P32〕環境省自然環境局の平成27年4月の調査。なお、北海道では同様の手法を用いた別統計があるため、エゾシカはこの数字から除外されている。二〇一二年度のエゾシカの個体数は約五十九万頭と推定されている

十年後に半減させるという目標〔P32〕環境省ホームページ内「報道・広報」に報道発表資料がまとめられている。平成27年4月28日に「改正鳥獣法に基づく指定管理鳥獣捕獲等事業の推進に向けたニホンジカ及びイノシシの生息状況等緊急調査事業の結果について」が発表された。添付資料では、都道府県別のニホンジカの個体数推定や将来予測も知ることができる

有害駆除の報奨金も軒並み上がっている

〔P32〕 京都市左京区ホームページ内「有害鳥獣対策について　平成26年度の新たな取組」によれば、二〇一四年度から京都市では有害捕獲したシカ一頭につき、これまでの国の交付金八千円に加え、市が独自の交付金一万四千円を上乗せして、二万二千円の報奨金を出すことにした

駆除されたシカはほとんど廃棄物として焼却・埋設処分〔P33〕「県産シカ肉通年販売へ　駆除後の利用促進　イオンと県協力」（「信濃毎日新聞」二〇一五年五月二十七日）によれば、長野県で二〇一二年度に捕獲されたシカは三万三千六百六十八頭で、そのうち販売用に食肉処理されたのは千五百六十四頭（四・六％）にとどまっている。長野県では、県産シカ肉が二〇一五年六月五日から、大手スーパー「イオン」の県内十一店舗で通年販売されている。なお、食肉処理の数値はあくまでも処理場で解体された頭数で、猟師による自家消費分を考慮すると廃棄割合はもう少し下がるだろう

放置されたシカの問題〔P33〕 体内に鉛の銃弾が残ったまま山中に放置されたシカを猛禽類が食べ、鉛中毒で死亡するという問題も起きている。北海道では二〇〇四年から鉛弾の使用が禁止され、一四年十月からは条例により所持も違反となった。猛禽類医学研究所ホームページのトップには『狩猟における鉛弾（ライフル弾、散弾）の使用禁止をいますぐ、日本全国で』とキャンペーンが告知されている

駆除したシカを微生物で分解〔P33〕「経済NEWS：駆除したシカ、菌で分解　興部町が新手法、経費3分の2に／北海道」（「毎日新聞」二〇一三年七月二十五日）

狩猟者登録〔P36〕 日本で法定狩猟を行う場合、狩猟免許を所持したうえで、狩猟を行う予定の都道府県すべてで猟期ごとに、使う免許が複数あるならそれぞれで狩猟者登録を行う必要がある

狩猟税〔P36〕 狩猟者登録の際に毎年納付する。環境省ホームページ内「平成26年12月30日　報道発表資料」によれば、二〇一五年度より有害駆除や認定事業者による捕獲に従事する者などに対して狩猟税の減免措置が拡充されることになった

公務員ハンター養成〔P36〕「害獣お任せ「公務員ハンター」　減りゆく地元猟師、ならば自治体職員で　国も後押し」（「朝日新聞」二〇一〇年二月三日）

法人格を持つ事業者に有害駆除を委託〔P36〕 改正鳥獣保護法の目玉の一つ。野生鳥獣の保護及び管理ホームページ内「認定鳥獣捕獲等事業者制度」に詳しい

有害駆除の不正〔P37〕「『イノシシ捕獲』うその申請　日高川町元公社職員を書類送検」（「日高新報」二〇一四年三月二十六日）、「捕らぬイノシシ水増し申請防げ　駆除の「報償費」目当てに横行」（「神戸新聞」二〇一五年六月十四日）

農業者による狩猟〔P38〕「鳥獣保護法施行規則」によれば、農林業者による獣害対策の囲いわなは法定猟具から除外されている。つまり、事業として農林業を営む者は、狩猟免許を所持していなくても、被害を防止する目的ならば囲いわなに限り設置できるという特例だ

わな猟の人身事故〔P38〕「軽傷：小6男児、イノシシわなで――岐阜・中学の裏山」（「毎日新聞」二〇一三年十二月十一日）。子どもが簡単に入れるような場所にわなを

しかけるのはそもそも論外。くくりわな自体は間違えて踏んでも怪我をするようなものではないが、そんな場所なら、わなにかかったイノシシに気づかずに近づいた人が襲われるという事故も十分ありえる

駆除した獲物の有効利用〔P39〕以前は駆除した獲物は廃棄処分するよう指示されることがほとんどだったが、最近は行政が発行する有害駆除の従事者証にも「埋設・焼却処分、または有効利用」などと書かれることが増えている。駆除した獲物を従事者が利用するのは、「報奨金をもらっているのだから利益の二重取りになる」との批判もかつてはあった。厚生労働省で二〇一四年度に行われた「野生鳥獣肉の衛生管理に関する検討会」の報告書には、国内での獣肉の利用状況など各種データが記載されており参考になる。同省のホームページでは、報告書だけでなく第四回まで行われた検討会の議事録や資料なども閲覧することができる

したたかなイノシシ

農家の納屋に侵入するイノシシ〔P43〕まさにこの本の原稿を仕上げていた二〇一五年の六月、ニワトリの餌用の米糠を狙って、イノシシが何度も我が家の鶏小屋に侵入する事件が発生した。トタンも破られ、小屋に隣接する物置の土台まで掘り返された。イノシシは糠だけを食べ、ニワトリに被害はなかった

市街地に出没する神戸のイノシシ〔P45〕イノシシが身近になってしまった神戸市では、ホームページに様々な情報を掲載して注意を呼びかけている。「イノシシ条例（神戸市いのししからの危害の防止に関する条例）による餌付け者に対する措置を強化します」というページによれば、二〇一四年時点でも市街地でのイノシシによる人身事故が相次いで発生している。被害の多い東灘区のホームページでは、イノシシ被害について「防災・防犯」と分類し掲載しているのも興味深い。イノシシ条例が〇二年に施行されて十年以上経つが、神戸のイノシシ問題はいまだ解決していない

護王神社のイノシシ〔P45〕「（和気清麻呂公の）一行が豊前国（福岡県東部）に至ると、どこからか三百頭ものいのししが現れました。いのししたちは清麻呂公の輿（こし＝乗り物）の周りを囲み、道鏡の刺客たちから守りながら、十里（約40ｋｍ）の道のりを案内してくれたのです。清麻呂公が宇佐八幡での参拝を終えると、いのししたちはどこかへ去っていきました」（護王神社ホームページ内「和気清麻呂公といのしし」）

餌付けされた神戸のイノシシ〔P45〕「イノシシ「メタボ危機」餌付けで人慣れ、栄養過多　体重3倍、餌探さずゴロゴロ」（「神戸新聞」二〇一四年六月二十四日）

高橋春成教授のイノシシ調査とシシ垣研究〔P48・49〕高橋春成編『日本のシシ垣　イノシシ・シカの被害から田畑を守ってきた文化遺産』（古今書院）。高橋教授は「シシ垣ネットワーク」という団体でも活動されており、会のホームページには各地のシシ垣の写真や、その保存と活用の事例なども紹介されている

大規模な防護柵の設置〔P50〕「電撃〝万里の長城〟防護柵25キロ厚木市設置　農家の獣害激減」（「神奈川新聞」二〇一二年七月十七日）、「長門市横断60キロの鳥獣防

止柵　県と市、秋から2年かけ設置　食害5000万〜6000万円」（「読売新聞」二〇一四年六月十一日）

わな猟の楽しみ

落葉広葉樹の森〔P53〕　僕の暮らす京都の森では、コナラ、クヌギ、アベマキなどのドングリの木が多い。他に僕が判別できる落葉広葉樹では、クリ、ケヤキ、ムクノキ、エノキ、カエデ、タカノツメ、コシアブラ、ヤマザクラ、ウワミズザクラ、ミズキ、リョウブ、ネジキなどが目立つ。落葉広葉樹の森といっても、カシ、シイ、ソヨゴ、クスノキ、シキミ、サカキ、ヒサカキ、ヤブツバキ、アセビなどの常緑広葉樹や、スギ、ヒノキ、アカマツなどの針葉樹も混じる。林縁にはヤマハゼ、アカメガシワ、カラスザンショウ、ネムノキ、クサギ、ヌルデ、タラノキなどの陽樹が生える

タンニンによる皮なめし〔P56〕　カシの樹皮から採れるタンニン以外にも市販のミョウバンや獲物の脳漿などを使っても皮はなめすことができる。柿渋のタンニンは成分が異なり、皮なめしにはあまり向いていないと聞いたことがあるが、僕はまだ試したことがない

狩猟者登録証〔P56〕　狩猟者登録をした者に交付される。猟友会に所属していれば、手続きなどを代行してもらえる。ここにある登録番号をわなに取り付ける名札に記載する必要があり、出猟中は必ず携帯しなければならない。猟期終了後は、獲物の捕獲頭数・場所などを記入して返納する

自然界のものだけで作るわな〔P57〕　自然界にある物だけで作ったくくりわなはどうしても強度面で問題があるため、かかった脚を吊り上げるなどして動きを封じ、引きちぎられることを防いだ。現在は獲物を吊り上げる仕組みのわなは、人の生命に重大な危害を及ぼすおそれがあるとして禁止されている

わな猟師〔P58〕　猟師の間では、わな猟を行う者は「わな師」と呼ばれるが、本書では一般の人にも分かりやすいように「わな猟師」を使った。ちなみに、銃猟を行う者は「鉄砲撃ち」と言われることが多い

無届けの違法わな〔P58〕　地域によっては、山中で見られるわなの半数が違法わなというところもあるそうだ。違法わなは見回りもいい加減で、獲物がかかっていても放置されて死んでいることも多い。以前、違法わなで愛犬を二頭失った鳥撃ちの猟師から話を聞いたことがある

一犬二足三鉄砲〔P59〕　地域によっては、「一足二犬三鉄砲」とも言われる

人間が森にできること

裏山の多くの巨木が立ち枯れている〔P63〕「府内ナラ枯れ　全国最多」（「京都新聞」二〇一四年八月十二日）によれば、京都府のナラ枯れは被害の中心地が北部から南部に移り、近く終息するとみられるとある。ただ、終息から二十年以上経過した北部では被害を受けやすい太い木が増えているため、再発生する可能性も指摘されている

ナラ枯れとカシノナガキクイムシ〔P63〕ナラ枯れが発生するメカニズムについては、林野庁ホームページ内「ナラ枯れ被害対策マニュアル改訂版」が詳しい。「分野別情報」→「病害虫や森林被害から森林を守る！」→「ナラ枯れ被害」とリンクを辿ると見る

ことができる

マツ枯れとマツノザイセンチュウ〔P65〕
マツ枯れは現在でも全国各地で継続的に発生している。前述の林野庁ホームページ内「病害虫や森林被害から森林を守る！」には「松くい虫被害」のページも。白砂青松の地として古くから日本三景の一つとして知られる京都・天橋立では、「地上からの薬剤散布、スプリンクラーによる消毒に加えて、ラジコン・ヘリコプターによる消毒液の散布も行い、松枯れ対策に努めている（京都府ホームページ内「天橋立の松枯れ対策」）

山菜〔P66〕
「山菜」は山に生える食用の植物（木の芽、つるなどを含む）、「野草」は河川敷やあぜ道などに生えている草で主に食用、「山野草」は山に生える野草で、主に花などを愛でる希少な植物、と本書では使い分けている

オオカミが森に存在することで〔P69〕
獣害対策として、オオカミの再導入を求める声がある。明治期に絶滅したニホンオオカミやエゾオオカミのかわりに海外から連れてこようというもの。海外では、ハイイロオオカミが絶滅してしまったアメリカ合衆国のイエローストーン国立公園にカナダから同種のオオカミを再導入した事例がある。同公園では再導入後、シカの生息数は抑制され、自然植生の回復が確認されている。再導入された経緯については、ハンク・フィッシャー著／朝倉裕・南部成美訳『ウルフ・ウォーズ　オオカミはこうしてイエローストーンに復活した』（白水社）に詳しい

賢いシカを作り出さない有害駆除〔P70〕
野生鳥獣の保護及び管理ホームページ内「新たな捕獲手法の事例」には、囲いワナやシカ捕獲用遠隔システムとともにシャープシューティングが紹介されている。その特徴として「誘引個体をすべて捕殺することを前提に捕獲を実施」とあり、実施上の留意点として「狙撃技量が高く、自制心の強い射手が従事（スレジカを生まないために）」と記されている。スレジカとは、経験を積み人間を非常に警戒するようになったシカのこと

僕の周りの狩猟鳥獣・前篇

狩猟鳥獣とは何か？

日本では、狩猟の対象となる哺乳類と鳥類は「鳥獣の保護及び管理並びに狩猟の適正化に関する法律（通称：鳥獣保護法）」で規定されている。それがいわゆる「狩猟鳥獣」だ。「その肉又は毛皮を利用する目的、生活環境、農林水産業又は生態系に係る被害を防止する目的その他の目的で捕獲等（中略）の対象となる鳥獣（中略）であって、その捕獲等がその生息の状況に著しく影響を及ぼすおそれのないもの」とある。細かな点は「鳥獣保護法施行規則」に定められており、現在、左の四十八種類の鳥獣が選定されている。

鳥類（二十八種類）

カワウ、ゴイサギ、マガモ、カルガモ、コガモ、ヨシガモ、ヒドリガモ、オナガガモ、ハシビロガモ、ホシハジロ、キンクロハジロ、スズガモ、クロガモ、エゾライチョウ、ヤマドリ（コシジロヤマドリを除く）、キジ、コジュケイ、バン、ヤマシギ、タシギ、キジバト、ヒヨドリ、ニュウナイスズメ、スズメ、ムクドリ、ミヤマガラス、ハシボソガラス、ハシブトガラス

獣類（二十種類）

タヌキ、キツネ、ノイヌ、ノネコ、テン（ツシマテンを除く）、イタチ（オス）、チョウセンイタチ（オス）、ミンク、アナグマ、アライグマ、ヒグマ、ツキノワグマ、ハクビシン、イノシシ、ニホンジカ、タイワンリス、シマリス、ヌートリア、ユキウサギ、ノウサギ

ここでは、僕の狩猟スタイルと比較的かかわりの深い鳥獣を中心に紹介している。カモシカとウズラは狩猟鳥獣ではないが、かつて狩猟の対象とされていた鳥獣として取り上げることにした。

なお、トドやクジラなどの一部の海棲哺乳類は「他の法令により捕獲等について適切な保護管理がなされている」ため鳥獣保護法の対象外となっている。また、「環境衛生の維持に重大な支障を及ぼす」としてイエネズミ三種は除外され、それ以外のネズミ・モグラ類全種も「農業又は林業の事業活動に伴い捕獲等又は採取等をすることがやむを得ない鳥獣」として例外的な扱いとなっている。

「捕獲」あれこれ

狩猟鳥獣以外の捕獲は原則としてできないが、「有害鳥獣捕獲」(通称：有害駆除)では、捕獲を許される場合がある。非狩猟鳥獣なのに捕獲される動物としては、ニホンザルやドバトなどがその代表である。

ほかにも、個体数調整のための「管理捕獲」や調査研究のための「学術捕獲」、鵜飼漁業や伝統的な祭礼行事等への利用のための捕獲などがある。管理捕獲はシカやイノシシ、クマ、サルなど人間とかかわりの深い鳥獣に対して、都道府県ごとに策定された「特定鳥獣保護管理計画」にもとづいて実施される。学術捕獲では希少種の捕獲も許可される場合がある。

日本にいなかった鳥獣

外来種、移入種あるいは帰化種などと呼ばれる海外から入ってきた動物の一部は、「特定外来生物による生態系等に係る被害の防止に関する法律」(外来生物法)でも管理されている。「特定外来生物」とは、「外来生物（海外起源の外来種）であって、生態系、人の生命・身体、農林水産業へ被害を及ぼすもの、又は及ぼすおそれがあるものの中から指定」(外来生物法ホームページ内「外来生物法の概要」)され、飼育・運搬・放獣などが原則禁止される。狩猟鳥獣の中ではアライグマやヌートリア、タイワンリス、ミンク（アメリカミンク）が指定されており、同法に基づく「防除」のための捕獲の対象ともなる。指定されるのは明治以降に移入されたものが中心で、移入時期が定かではないハクビシンはその対象となっていない。なお、二〇一四年の法改正で外来生物が交雑することにより生じた生物も、外来生物に含まれることとなった。

【タヌキ】

「けものへん」に「里」と書くだけあって、タヌキは人里近くによく出てくる動物だ。大学時代に僕が暮らした学生寮にもたまに現れて、キャットフードを盗み食いしていたのを覚えている。最近は小動物が踏んでもわなが作動しないようにしているので、出会う機会は減ったが、以前はよくわなにもかかっていた。

あるとき、ワイヤーを外そうと近づくと、急に倒れて動かなくなってしまったことがあった。ショックで死んだのかと思い、急いでわなに手をかけるとムクッと起き上がり噛みつこうとしてきた。まさに「たぬき寝入り」だ。首根っこを押さえこんで、わなを外してやると何事もなかったかのように藪の方へ走り去っていった。

山でのタヌキは、たいてい集団で行動している。特徴的なのが糞の仕方で、一カ所にたくさんしてあったら、それはタヌキの「ため糞場」である可能性が高い。ため糞場はほかのグルー

プとの情報交換や縄張りのアピールに利用されていると考えられている。

山で何頭も連れ立って歩いているタヌキに出くわすと、なんともほのぼのした気分になるが、こうした集団行動がある不幸を引き起こしている。ヒゼンダニが媒介し、体が触れ合うことで感染する「疥癬《かいせん》」が爆発的に広まっているのだ。罹患すると、全身の毛が抜け落ち、皮膚が硬くなってくる。一見タヌキと分からないくらいひどい症状にもなり、僕も子豚が薮の中にいると見間違えたことがある。疥癬のタヌキは、見るからに衰弱して、動きも鈍い。餌を探すのにも苦労するのか、余計に人里に降りてくる傾向があるように思う。

タヌキの疥癬はもともと自然界にある程度あったものが広まったのか、飼い犬などが持ち込んだのかよく分かっていない。生息環境の変化や餌付けで生息密度が高まったのが感染拡大につながっているという指摘もある。一部の地域ではイノシシにも広がっており、たてがみだけ残して全身肌色のイノシシが捕獲されることもあるそうだ。かつて、毛皮獣として各地で捕獲され、人間とのかかわりの深かった時代に、タヌキに疥癬はあったのだろうか。

春先にため糞場に行くと、糞の中に残されたアケビや柿の種が一斉に芽吹いている。自然界の循環を感じる光景だ。その季節には、近所の空き家の片隅で、冬を越せず息を引き取った毛の抜け落ちたタヌキを見つけることも多い。

【アナグマ】

「同じ穴のムジナ」ということわざの由来は諸説あるが、一説には、穴を掘るのが苦手なタヌキがアナグマの巣に同居することに由来するとも言われる。昔の猟師はアナグマの巣穴を松葉でいぶして追い出して獲ったというが、そのときにタヌキが一緒に出てくることもあったそうだ。僕のわなにも以前、同じ日に隣同士で、タヌキとアナグマがかかったことがあった。その二頭もひょっとしたら同じ巣穴で寝起きしていたのかもしれない。

そもそも正式名称がムジナという動物はいない。ある地方ではアナグマの別称であり、タヌキやアナグマ、ハクビシンのような小型の動物を一括りにしてムジナと呼んでいる地域もある。中にはアナグマのことをタヌキ、タヌキのことをムジナと呼ぶところもあったりして、昔から混同されてきた。大正時代には、タヌキの捕獲が禁じられている時期に、ムジナという別の動物だと思い込んでタヌキを捕獲した猟師が逮捕された事件があり裁判にもなった。「たぬき・むじ

な事件」と呼ばれ、現在でも判例集に掲載されている。

ちなみに、僕が同時に獲った二頭は、せっかくなので友人を招いて食べ比べをしてみた。さばいているときからアナグマの肉はとても脂が乗っていて食欲をそそり、食べても癖がなくおいしかった。対してタヌキは食べられないこともないが、独特のにおいがあり、受け付けない者も何人かいた。前著『ぼくは猟師になった』（新潮文庫）でも触れたが、昔話のごちそうで登場するタヌキ汁やムジナ汁の多くはアナグマ汁であったようだ。冬越しのための脂をため込んだアナグマの肉は、山間部ではさぞかし貴重な栄養源として珍重されたことだろう。

【アライグマ】

ムジナはタヌキやアナグマなどの総称として使われる場合があると書いたが、アライグマも昔から日本にいたのなら、きっとムジナと呼び習わされただろう。北米原産で、アニメ「あらいぐまラスカル」で一躍人気になり、ペットとしての飼育も広まった。ただ、小さいうちはかわいらしいのだが、成獣になると気性が荒くなって飼いづらくなり、自然界に放されることが多々あった。また、各地の観光地や動物ふれあいパークのようなところで飼育されていたものが脱走し、野生化した事例も多い。天敵のほとんどいない日本の自然界で、年々生息数を増やし、生息域を拡大していった。現在ではほとんどの都道府県で生息が確認されている。それに伴って農作物の被害も増えた。中でも果樹やトウモロコシなどの食害が多い。養殖魚類の被害報告もある。防除しようと思っても、手先が器用で柵も上手に登るのでアライグマ対策は厄介だ。

僕が暮らす京都では、平等院鳳凰堂や二条城、清水寺などの歴史建造物で爪跡が見つかった。天井裏に住み着き、重要文化財に指定されている仏像を傷つけたりするのも問題となっている。在来種への影響も危惧されている。鳥類の巣を荒らし、ひなや卵を食べたり、サンショウウオなどの希少な動物も好んで捕食するようだ。タヌキやキツネと餌をとりあうことになったり、ウズラなどの地上性の鳥類の減少に関係している可能性も指摘されている。こういった状況から、二〇〇五年施行の外来生物法では特定外来生物に指定され、輸入や飼育が制限された。

僕のわなにアライグマが初めてかかったのもちょうどその年のことだった。京都でも野生化していると聞いていたものの、北米原産の、愛くるしい生き物が自宅の裏山でわなにかかっているのを見たときは、なんとも不思議な気持ちになった。

狩猟獣に指定されたのは一九九四年だが、たまたま獲れて、物珍しさで毛皮の帽子にしたという人はいるが、アライグマを専門に狙う猟師はあまりいない。農作物被害に対する有害駆除か、外来種対策で捕殺されるのがほとんどだ。環境省の統計によれば、一九九一年度の総捕獲数はわずか九頭だったが、二〇一〇年には約二万五千頭が捕獲されている。

わなにかかった獲物は狩猟獣であればとりあえずなんでも食べてみる方針だった僕は、アライグマも食べることにした。いつものように棒でどついて失神させようと、先端を近づけて反応を見ると、なんと後ろ脚で立って両手で棒をつかんできた。日本のタヌキなどではまずありえない。手先が器用なアライグマならではの反応で、ニホンザルの行動に近い。実際、慣れない人が、指の長いアライグマの足跡をニホンザルと誤認することもある。

初めて食べたアライグマは別に臭みもなく、普通に食べることができた。ただ、北米ではアライグマ回虫症という深刻な人畜共通の感染症がある。日本で野生化したアライグマではまだ感染個体は発見されていないが、わなにかかった場合、放獣するにせよ、解体するにせよ、扱いには十分な注意が必要だ。

【ハクビシン】

地方によってはハクビシンもムジナと呼ばれていたようだ。僕はまだ獲ったことがないが、京都でもたまに車にはねられて死んでいるのを見かける。お隣の滋賀県では生息域が拡大しており、箱わなを町内会に貸し出して、積極的に捕獲している市町村もあるそうだ。民家の屋根裏に住み着いて、家庭菜園や庭の果樹を荒らすことも多く、住民の苦情が増えているとのこと。糞尿による異臭問題もあり、アライグマ同様、農作物被害だけでない獣害問題がここでも発生している。

「白鼻芯」という名前の通り、頭から鼻にかけて縦に白い線が入っているのが特徴だ。ジャコウネコ科で果物を好んで食べるため、果樹栽培農家にとっては天敵だ。知人のビニールハウスにもイチゴを狙って毎年侵入してくる。しっかりとハウスを閉めきっていてもわずかな隙間を見つけて入り込むのでなかなか厄介だ。ハウスの中には有害駆除のための小型の箱わなも設置されている。ちなみに、近所の農家の間での人気の寄せ餌はあんドーナツだ。やはり甘いも

のには目がないらしい。また、木登りがうまく、電線を伝って歩くこともできるため、樹上にある野鳥の巣の中の卵も簡単に食べられてしまう。

長年、在来種か外来種か議論が続いていたが、最近は中国や東南アジアから入ってきた外来種だという説が有力だ。かつて在来種だと思われていた時代には、長野県や山梨県では天然記念物に指定されていたこともある。

中華料理では人気食材の一つで、中国南部で広く食べられている。以前、重症急性呼吸器症候群（SARS）が流行したときに、中国でハクビシンが感染源だと疑われたことがあり、多数のハクビシンが殺処分となった。日本でも大々的に報道されたため、そのときに存在を初めて知った人も多いのではないだろうか。

【テン】

テンの毛皮は昔から大変珍重されていて、「テン獲りは二人で行くな」という言い習わしもある。毛皮を独占しようと、片方がもう一方を殺してしまう可能性があるというわけだ。

今の時代、毛皮目的で捕獲される動物はテンくらいだろう。兵庫で暮らす僕の父親が神棚に供えるサカキを採りに行く近所の山でも、たまにわなで捕獲されたテンを見かけることがあるそうだ。外来種で狩猟獣にも指定されているミンクも有名な毛皮獣だが、狙って猟をしている話はあまり聞かない。僕の師匠が若い頃は、タヌキやキツネの毛皮もそれなりの値段で売れたそうだが、化学繊維全盛の現代ではブランド価値のあるテンの毛皮以外はまったくお金にならない。猟師が毛皮獣を獲らなくなったことと、ウサギやウズラなどの小動物が減ったこととの関連はよく指摘されるが、具体的なデータがあったら知りたいものだ。

テンは田舎の民家の屋根裏に住み着くことがよくある。僕の家にも一時期、住み着いていた。夜中になると活発に動きだし、ネズミを追い回してにぎやかだった。糞尿や餌の食べ残しの腐臭が問題になることが多いのだが、我が家の場合、それは特に気にならなかった。しかし、だんだんずうずうしくなり飼っている猫の餌を盗み食いするようになった。挙げ句に居間に糞までされたので、さすがに堪忍袋の緒が切れた僕は、テンがキャットフードを食べている隙に部屋に閉じ込めて捕まえた。猟期中だったので、食べてみようかという考えもよぎったが、よく

見ると疥癬にかかっており、なんだかかわいそうになったので、ちょっと離れた山に逃してやった。

テンはその体色の特徴から、黄色い個体はキテン、くすんでいる色合いならステンと呼び分けられるが、長崎県の対馬に生息する亜種のツシマテン、北海道のクロテンは非狩猟獣なので捕獲してしまわないように注意が必要だ。

【イタチ】

子どもの頃、いつか獲ってやると思っていた動物がいる。虫捕りやザリガニ捕りをしているときに、サーッとすごいスピードで道路を横ぎる黄色くて小さい動物。イタチだ。山のない田舎街に暮らしていた僕はネズミやモグラ以外の野生の哺乳類と触れ合うことはあまりなかった。そんな中で妙に野性味溢れるイタチの存在は、僕の狩猟欲を刺激した。

ある日、いつものように虫捕り網を持ってアオスジアゲハを捕まえようとしていると、視界にイタチが入った。反射的に虫捕り網を振り下ろした。〈よっしゃーっ、ついに捕まえた！〉と思った数秒後、そいつは網を食い破って道路の反対側の、ドブの中に消えていき、小学生の僕はぼうぜんと立ち尽くした。

イタチはノネズミをよく捕食するため、農家にとっては益獣とされることもある。一方、養鶏では天敵だ。細長い体形を生かしてちょっとした隙間から鶏舎に忍び込む。穴を掘って柵の下から侵入することもよくある。キツネは自分が食べるニワトリを一羽ずつ獲って帰ることが多いのに対し、イタチは食べきれない数のニワトリを殺すだけ殺すことがある。昔の人は首から血を流したたくさんのニワトリの亡骸を見て、「イタチはニワトリの血を吸いに来ている」と信じていたそうだ。

狩猟獣はオスのみで、メスは非狩猟獣だ。オスはメスの二倍近い大きさで、まるで別の動物のようである。外来種のチョウセンイタチもオスのみが狩猟獣だ。捕獲には、筒式のイタチ捕獲器が使われる。筒に入ったイタチの首や胴体をくくるタイプのわなだが、メスを捕獲しないように一定サイズ以下の個体は逃げられるような仕組みにしておく必要がある。トラバサミもかつては一般的だったが、錯誤捕獲の危険性があることなどから、二〇〇七年度から禁止猟具となり、現在では一定の条件の

もと有害駆除で用いられるのみとなった。

【ウサギ】

日本に生息するウサギで狩猟獣はノウサギとユキウサギ（北海道のみ）の二種だ。ほかに、非狩猟獣ではアマミノクロウサギとエゾナキウサギが生息している。小学校などで飼育されているのは、アナウサギという外国のウサギをペット用に品種改良したカイウサギで、その名の通り、土の中に巣穴を掘って集団で生活する。

日本のノウサギは穴は掘らず、眠ったり子育てをしたりするのも藪の中や木の根元のくぼみを利用する。カイウサギに比べ、体型も大きく、地域によっては体毛が褐色から白色へ季節ごとに変化するのもその特徴の一つだ。

ノウサギは唱歌「故郷」にも歌われている。多くの人が「うさぎ追いしかの山」を「小学生が野山を駆け巡りながら、自作の弓矢のようなものを手にウサギを追いかけまわしている」というような素朴な風景と想像しているかもしれない。しかし、かつて「故郷」で行われていた「ウサギ追い」はもっと大規模なものだった。地域や学校の行事であり、集団でウサギのいそうな山を追い上げていく巻狩りである。追い出したウサギを獲る方法は様々で、棒でどつくところもあれば、猟師に頼んで鉄砲で撃つところもあった。

ウサギ追いでよく利用された捕獲方法に「はり網」がある。この猟法は原則として常に人が操作するよう鳥獣保護法で定められているのだが、ノウサギやユキウサギを捕獲する場合に限り、張りっぱなしが認められている。日本の猟師が免許取得時や三年に一度の更新講習で必ず目を通す一般社団法人大日本猟友会発行の『狩猟読本』（本書では平成27年版を参照）には、「（網は・引用者注）木の枝などに軽くひっかけて張る／網の下部はたるませる／ノウサギがぶつかったショックで網がはずれる／網にからめとられる」とイラスト入りで解説されている。

環境省の統計によると、近年はノウサギの捕獲数は全国で一万頭程度だが、戦後の三十年間はそれよりはるかに多く百万頭を越える年も多かった。パルプ材としての利用や針葉樹の植林のために、多くの木々が伐採され草地化していた日本の野山は、ノウサギにとっては餌が豊富で住みやすく、個体数もずっと多かったのである。山間部で暮らす人々にとってノウサギは生活のための貴重なタンパク源だった。その後、山林が放置され、里山の草地も減っていく中、ノウサギの生息数も減少していった。それにつれて、ウサギ追いも廃れていった。

ウサギを食べるというと、「あんなにかわいいのになんて残酷な」と言う人もいそうだが、海外ではジビエ料理の食材として人気の食肉だ。日本でも食用の歴史は古く、一匹二匹ではなく、一羽二羽と数えるのも、四足動物の肉食が禁じられていた時代の口実だったとも言われる。「ウサギはピョンピョン跳びはねるし、大きな耳が翼のようで鳥の仲間に違いない」という理屈だが、だいぶ苦しい。

戦後の婦人誌には野鳥料理とあわせてウサギ肉のレシピがしばしば紹介されている。今よりはずっと庶民の間で食べられていたということだろう。

その肉は赤身で淡泊、まさに「鶏肉のようだ」と表現されることも多い。毛皮も様々な用途に利用された。

ノウサギは葉ものを中心に農作物を食害するが、スギやヒノキの幼木の芽も食べる林業被害も深刻だ。年配の林業家から話を聞くと、以前は針金で作ったくくりわなで獲ることがよくあったという。ウサギの通り道に針金を輪にしたわなを設置しておけば簡単に獲れたそうだ。ノウサギは後退することができないので、輪っかの中に頭が一度入ったら自分では抜くことができず、前に進むしかない。進むごとに自然に輪っかが締まって首をくくる仕組みだ。バネなどのわなを作動させる仕掛けも必要なく、針金一本で作れる簡単なものだったという。

戦後に大量に植えられたスギやヒノキは今、伐採適期を迎えていると言われている。それらが木材として有効に活用されるようになるなら、再び山でノウサギと出会えるようになるかもしれない。

【ヌートリア】

ヌートリアは僕の暮らす京都では桂川、宇治川などに以前から多数生息していたが、近年、京都市内の中心部を流れる鴨川でも見られるようになってきた。鴨川ではカモやドバト、ユリカモメ、トンビに餌やりしている人たちを日常的に見る。彼らが、愛くるしい振る舞いをするヌートリアを見たら餌をやりたくなるのは間違いない。そんな「餌付け」がヌートリアの急激な増加に一役買ってしまっている。

ヌートリアは南米を原産とする大型のネズミで、水辺を主な生息域にしており、泳ぎも上手だ。戦時中に毛皮と食肉目的で輸入・飼育されたが、戦後の需要の低下などから遺棄され、野生化したとされる。世間であまり知られていない頃は、ニホンカワウソ（二〇一二年に絶滅種に指定）やビーバー、カピバラなどと誤認した報告が全国で相次いだ。外来生物法により特定外来生物に指定されており、飼育や自然界へ新たに放すことは禁じられている。

ニンジンなどの根菜類やハス、稲を食害することが知られており、各地で有害捕獲が行われているが、年に数回、五頭ほど子どもを産む爆発的な繁殖力のため、生息域は拡大している。自然界では水草を主に食べるが、日本に競合する哺乳類がいないことも、生息数を増やしている理由の一つだろう。食欲旺盛で、水草類の減少が危惧されている。また、二枚貝も食べることが知られている。淡水魚のタナゴは二枚貝に産卵するため、大阪の淀川では、絶滅の危機に瀕しているイタセンパラというタナゴの繁殖への影響が問題視されている。

狩猟獣にも指定されているが、好んで捕獲する人は少ない。「食べたら意外とうまい」と言う人もいるが、猟友会の先輩は「あんなタバコ吸うてるようなネズミ食うもんちゃうで」と歯牙にもかけない。大きな前歯がオレン

ジ色で、喫煙者の黄ばんだ歯に見えるというわけだ。僕は何度か食べたことがあるが、特に臭みなどもなく普通に食べられる獣肉という印象だった。

有害駆除や外来生物法に基づく捕獲依頼は、僕の所属する猟友会にもきており、何度か同行したこともある。農業用水路の脇などに巣穴を掘って生活しており、農地へ向かうけもの道がいくつも続いていた。そこにニンジンやリンゴなどを誘引餌にして小型の箱わなをしかける。ちょうど生まれたばかりのヌートリアに出くわしたことがある。ヨタヨタと泳ぐ姿はなんとも愛らしかった。「こんなかわいらしいのに殺さなあかんなんて殺生な話やなあ」。そうつぶやいた先輩の言葉が印象に残った。

勝手に連れて来られ、必要がなくなったら放置され、娯楽目的で餌付けされ、害があるとして殺される。彼らも間違いなく人間活動の被害者だろう。

ヌートリアの分布は現在のところ西日本が中心で、関東方面で目撃されるものはよく似たマスクラットだ。こちらも特定外来生物だが、狩猟獣にはなっていない。

【リス】

山を歩いていると、たまにリスに遭遇する。ペットショップでおなじみのシマリスではなく、全身が茶色くおなかだけが真っ白なニホンリスだ。今は非狩猟獣になっている。なんともかわいらしいので、つい足を止めて眺めてしまう。通称「山のエビフライ」もよく見かける。先端と芯だけ食べ残した松ぼっくりだ。本当にエビフライそっくり。わかりやすいリスの痕跡の一つだ。

日本で狩猟獣に指定されているリスは、タイワンリス（クリハラリスの一亜種）とシマリスの二種だ。タイワンリスはその名の通り外来種で、外来生物法でも特定外来生物に指定されている。伊豆大島や鎌倉が生息地としては有名だが、年々生息範囲は拡大している。関西では大阪と和歌山で定着しており、京都でも生息が確認されている。僕が見つける山のエビフライの中にもタイワンリスが作ったものが混じっているかもしれない。在来のニホンリスとの競合や

樹皮剝ぎの被害が問題となり、各地で駆除も行われている。

　本州のシマリスは、ペットとして移入されたチョウセンシマリスが各地で野生化しているものだが、北海道には在来種のエゾシマリスが生息している。ともに狩猟獣のシマリスとして括られるが、生息数の減少しているエゾシマリスを保護するため、北海道ではシマリスの捕獲が長期にわたって全面禁止となっている。つまり、実質的にシマリスは本州のチョウセンシマリスのみが狩猟対象ということになる。

　これだけを見ると、リス類が狩猟獣に指定されているのは外来種対策が目的と思われるかもしれないが、ニホンリスも一九九四年にムササビとともに除外されるまでは狩猟獣に指定されていた。ニホンリスも生息数が多かった頃は、樹皮剝ぎなどの林業被害や果樹などへの農業被害が問題とされたようだ。

　かつてのリス猟は毛皮が主たる目的だったが、その肉も食用にされていたそうだ。アメリカなどではリス猟は今でも盛んで、リス料理も好んで食べられている。以前一度だけタイワンリスを食べさせてもらったことがあるが、確かにおいしかった。このまま外来リスが勢力を拡大するようなら、近い将来、過去の文献や海外のサイトなどを使って、リス料理を研究しないといけなくなる日がくるかもしれない。

【ノイヌ】

『狩猟読本』によると、狩猟獣のノイヌは「直接人間の助けを借りずに自然界で自活し、かつ繁殖しているもの」と定義されている。「一時的に人間から離れて生活している個体」は非狩猟獣のノライヌとされる。

ペットや猟犬が遺棄されたり、飼い主とはぐれたりして野生化し、さらに子どもを生むと、ノライヌではなく狩猟獣のノイヌとなるわけだが、現実にそんな見分けはなかなか難しい。ほかの狩猟獣は種類そのもので指定されているので、身体的特徴などで判別できるが、ノイヌは外見ではまったく判断できない。

日本の山ではかつては犬の群れが常に生息している地域も多くあったという。野犬《やけん》と呼ばれたその犬たちはノイヌに該当するだろう。ある地域ではそれを専門に狙う猟も行われており、群れをなす犬の多くが赤犬だったそうだ。「犬を食うなら赤犬がうまい」という話があるが、案外このあたりが出どころかもしれない。

国立環境研究所のデータによると「ノイヌは北海道東部、日光、丹沢、対馬などではシカの捕食者となっている」とある。一定数のグループが継続的に生息していることがうかがえる。実際、北海道東部では家畜への被害が出ており、駆除も行われている。ただ、ノイヌは人間の手で供給され続けるため、全国各地に常に生息している可能性があるとも言えるだろう。ノイヌを狙って狩猟する人はまずいないが、かつてペットや猟犬だった犬が狩猟の対象に指定されているというのはなんともやるせない気持ちにさせられる。

【ノネコ】

狩猟獣のノネコと非狩猟獣のノラネコも、ノイヌとノライヌと同様に区別されている。簡単に言えば、自然界で自活し、かつ繁殖しているのがノネコだ。最近、ノライヌはそれほど目にしないがノラネコは普段から目にする。飼い猫も屋外と屋内を自由に出入りしている場合も多く、ノネコかノラネコか、その判別はノイヌ以上に難しい。

以前、アナグマを狙ってしかけていた小型の箱わなに猫が間違えて入ることがよくあった。

餌を唐揚げから果物に変えたら入らなくなったが、山の中にも猫がいるのに驚いた。当然、その猫がノラネコなのか、ノネコなのかは外見からはまったく判断できない。ひょっとしたら飼い猫だった可能性もある。狩猟獣のノネコだとしても獲って食おうとは思わなかったが、そもそも定義に無理があるのではないだろうか。

ノネコによる生態系被害は各地で報告されており、日本生態学会が定めた「日本の侵略的外来種ワースト一〇〇」にも名を連ねている。猫は食べるだけでなく「遊び」で小動物を捕獲する習性が知られている。市街地や農村部で人間生活に害をなすネズミを捕獲している一方で、野鳥もかなりの数が殺されている。島嶼《とうしょ》部の希少な小型哺乳類や野鳥への影響が特に深刻だ。沖縄のヤンバルクイナや奄美諸島のアマミノクロウサギなどが被害の代表として挙げられる。また、在来種のヤマネコが生息する西表《いりおもて》島《じま》や対馬では、ノネコによる猫エイズなどの感染症の持ち込みや生息域の競合が懸念されている。

【カモシカ】

カモシカは日本に生息する大型獣の中で唯一の非狩猟獣だ。かつては狩猟対象だったが、乱獲により生息数が激減したために一九二五年に禁猟となり、一九五五年には国の特別天然記念物に指定された。岩場に生息し、危険を察知すると岩の上の方に逃げる習性がある。かつての天敵であったオオカミが相手ならそれで避けられたのだが、銃による狩猟の場合、格好の的になってしまい、生息数が激減したとも言われている。好奇心が強く、人を見てもあまり逃げない性格も災いしたとされる。僕が猟場とするエリアには生息していないが、渓流釣りで訪れる近県の山では何回か遭遇したこともある。そのときもちょっと離れた場所から僕の方をじっと見つめていた。

東北地方には伝統的な狩猟を生業《なりわい》としてきたマタギと呼ばれる人たちがいる。カモシカは彼らの主要な狩猟対象だった。それが禁猟になったことは彼らの狩猟文化にも大きな影響を与えた。猟の方法は当然のこと、伝承されてきた解体の儀式や作法なども多くは失われていった。特別天然記念物に指定されたときには、すでに持っていたカモシカの毛皮で作った衣服や足袋などを、誤解を恐れて廃棄したマタギも多かったと聞く。希少な野生動物を保護するのは当然必要なことだが、長年続いてきたカモシカ猟の伝統が途絶えてしまったのは残念でもある。

ちなみに、九州のカモシカはいまだ絶滅の恐れがあるが、東北地方では生息数が回復し、市街地への出没もしばしば報告されている。また岐阜や長野では、林業被害対策として一九七〇年代後半から有害駆除も行われている。

実はカモシカは、日本の野生動物で唯一のウシ科の動物である。肉の味は「とてもうまい」と言う人もいれば、「青臭くて食えたもんじゃない」と言う人もいる。日本原産の「ウシ」の味、一度は味わってみたいと正直思うが、相手が特別天然記念物では手の出しようがない。

（後篇に続く）

タヌキ

ヒゼンダニが媒介する疥癬〔P87〕　日本獣医学会ホームページ内の「Q&A」には動物にまつわる様々な疑問への回答が掲載されている。疥癬タヌキを見つけたときの対処法や疥癬の蔓延を防ぐ方法も詳しい

アナグマ

たぬき・むじな事件〔P88〕　たぬき・むじな事件は無罪となったが、類似した事件である「むささび・もま事件」は有罪となっており、両事件はよく対比して語られる。高橋裕次郎『新 はじめて学ぶ刑法』（三修社）など、司法関連書籍でもしばしば紹介されている

アライグマ

歴史建造物の被害〔P90〕「平等院、万福寺にも国宝や重文に傷　寺は対応苦慮　文化財のアライグマ被害　深刻」（「京都新聞」二〇一〇年四月十三日）

環境省の統計〔P91〕　環境省自然環境局が設ける「外来生物法」ホームページ内「防除に関する手引き」に「アライグマ防除の手引き」があり、捕獲数の推移が掲載されている

アライグマ回虫症〔P91〕　国立感染症研究所ホームページ内「感染症情報」に「アライグマ回虫による幼虫移行症」と紹介されている

アライグマの放獣〔P91〕　外来生物法では、特定外来生物を野外で捕まえた場合、持って帰ったり、別の場所で放すことを禁じているが、その場ですぐに放すことは規制の対象とはなっていない。外来生物法ホームページに詳しい

ハクビシン

ハクビシンの獣害問題〔P92〕「居心地がいい？　ハクビシン、都心に出没」（「朝日新聞」二〇一五年一月八日）

ハクビシンとSARS〔P93〕「SARS感染源　ハクビシンでなくコウモリか／香港大グループまとめ」（「読売新聞」二〇〇五年九月十日）

イタチ

外来種のチョウセンイタチ〔P96〕　国立環境研究所は研究成果などをホームページでデータベース化し公開している。「侵入生物データベース」で「チョウセンイタチ」を引くと、毛皮獣として導入されたものが逃げ出したり、ネズミ駆除のために意図的に放たれたものが野生化した、と侵入した経緯が解説されている

ウサギ

ノウサギの体色変化〔P97〕　高橋喜平『ノウサギの生態』（朝日新聞社）では、一章を割いて「ノウサギの保護色」について論じている。また、ノウサギを対象とした鷹狩りや、稲ワラを円盤状に編んだ猟具を使ったワラダ猟も紹介している

狩猟読本〔P98〕　野生生物保護行政研究会が監修し、社団法人大日本猟友会が発行する。一般の人も大日本猟友会のホームページから購入できる

環境省の統計〔P98〕　野生鳥獣の保護及び管理ホームページ内「狩猟鳥獣のモニタ

リングのあり方検討会」の「平成25年3月12日検討会 議事次第・資料」に「狩猟鳥獣49種の現況」がまとめられている。ノウサギだけでなく他の狩猟鳥獣の捕獲数の推移も掲載されている

戦後の婦人誌〔P99〕 一九五五年に主婦の友社から刊行された料理本『冬の家庭料理』には、「素朴な狩料理」という特集があり、「昨日まで、生きてはねていた野兎のすき焼は、冬の夜の一等料理です」と紹介されている

ウサギの肉と毛皮の利用〔P99〕 田口洋美「現代のマタギ」(『歴史と民俗 神奈川大学日本常民文化研究所論集16 2000年3月』)によれば、戦時中はノウサギの利用だけでなく、カイウサギやアンゴラウサギの飼育・繁殖も盛んに行われ、養兎農家の数もかなりの数に上ったという。それらの毛皮は欧米への輸出や軍部への納入にあてられ、肉は当然食用となった

ノウサギの林業被害〔P99〕 宇江敏勝『山びとの動物誌――紀州・果無山脈の春秋』(新宿書房)には、ノウサギの植林地への食害がひどかった拡大造林期の様子と著者自身がわなをかけてノウサギを捕獲していた話が載っている。炭焼きの家庭に生まれた著者が、幼少時より炭焼きや林業に携わる中で触れ合った様々な野生動物についてのエピソードが多数紹介されており、山仕事をする人と野生動物の関わりを知ることができ興味深い

ヌートリア

鴨川のヌートリア〔P100〕「生態系守れ 鴨川のヌートリア捕獲へ 府、京都市初の実態調査」(「京都新聞」二〇一四年一月二十七日)。「餌を与える行為は、結果として昔から鴨川に棲んでいた生き物を絶滅させることになりかねません」(京都府ホームページ内「ヌートリア(特定外来生物)に餌を与えないでください」)

マスクラット〔P102〕 国立環境研究所ホームページ内「侵入生物データベース」によれば、自然界で定着しているのは、東京都葛飾区都立水元公園や千葉県市川市行徳鳥獣保護区、埼玉県東部とのこと

リス

伊豆大島や鎌倉が有名〔P103〕「逃走から70年 20匹→4000匹 大島のタイワンザル リス数えきれず」(「朝日新聞」二〇〇九年十二月十七日)。鎌倉市では、市民に捕獲器を貸し出すなどの取り組みを行ってきたが、二〇〇九年から「鎌倉市クリハラリス(タイワンリス)防除実施計画」を策定し、防除の取り組みを始めている

ノイヌ

ノイヌ・ノネコの定義〔P105・106〕 ノイヌとノネコの定義に関しては、国会でもその曖昧さが問題視されたことがある。インターネットで利用できる「国会会議録検索システム」を使えば、そのとき(昭和38年 第043回国会 農林水産委員会 第17号)の議事の詳細を見ることができる

犬を専門に狙う猟〔P105〕 伊沢紘生・宮城のサル調査会『サル対策完全マニュアル』(どうぶつ社)には、「筆者が白山山域でサルの調査を開始したのは1960年代末からだが、その当時までは、白山には人

里に〝本拠地〟を持たない純粋な野犬も生息していて、多くが明るい褐色の毛並をしていることから地元の猟師たちは「アカ」と呼び、ウサギやヤマドリとともに冬場の狩猟対象にしていた」とある

ノネコ

日本の侵略的外来種ワースト一〇〇〔P107〕　哺乳類では、アライグマ、イノブタ、カイウサギ、タイワンザル、チョウセンイタチ、ニホンイタチ、ヌートリア、ノネコ、ジャワマングース、ヤギの十種が選定されている。ニホンイタチは在来種だが、北海道や離島など、もともと生息していなかったエリアにネズミ対策で導入されるなどした結果、既存の生態系に影響を与える「国内外来種」となった

カモシカ

マタギのカモシカ猟〔P108〕　太田雄治『マタギ　消えゆく山人の記録』(翠楊社)

九州のカモシカ〔P109〕「九州　カモシカ絶滅危機　シカ急増でエサ減少　ダニ寄生　皮膚感染症」(「読売新聞」二〇一一年九月九日)

東北地方での市街地への出没〔P109〕盛岡市ホームページ内「生活情報」に「ペット・野生動物」の情報がまとめられている。野生動物のページには「ニホンカモシカをみかけたときの注意」が掲載されており、「見掛けたら、そっと立ち去ってください」などと呼びかけている

有害駆除〔P109〕「昭和53年度から岐阜県で、昭和54年度から長野県で銃による捕獲が始まり、その後、愛知、山形、静岡、岩手、群馬でも捕獲が行われるようになった。(山形県は平成11年度から休止中)」(長野県ホームページ内「第二種特定鳥獣管理計画（第4期カモシカ保護管理）（案）」)

2

身近な動物たちとの行き交い

裏山のサルの群れ

猟師も防戦一方

秋のある日、家を出ようとすると庭の柿の木にサルが一匹しがみついていた。うっすら色づき始めた柿を二、三口かじってはポイッと放り投げながらこっちを見つめている。フェンスを棒でガンガンたたいて軽く追い払って軽トラックに乗り込んだ。

今の家に住んで十年になるが、あの柿は一回も人間にまわってきたことがない。先日は、家庭菜園の野菜もやられた。六メートル四方ある全体を鉄パイプで囲って天井にまでネットを張ってあるのだが、結束が甘いところを破られて侵入された。ネギが三本ほど引っこ抜かれて白い部分だけかじられ、ナスもいくつか食べられていた。サルはわずかな隙も見逃さない。知り合いの農地もちょっとした油断からたびたび被害に遭っている。

我が家は裏がすぐ山で庭や周辺には柿や栗の大木がたくさんある。サルたちにとっては山から集落への絶好の出撃基地になっている。ここを通って降りていくわけだ。朝方に屋根の上を集団でドタドタ走るサルの足音で、家の外に飛び出ることもしょっちゅうだ。家庭菜園だけでなく、庭のキンカンや原木栽培のシイタケも囲っておかないと軒並み被害に遭う。人間の食べ物の味を覚えたサルが近所の住宅に侵入し、こたつの上のミカンを食い荒らすという事件もあった。

コンビニから出てきた女子高生からポテトチップスをひったくって悠然と道路を横断していくオスザルを見かけたこともあった。かわいそうに女子高生は震えて完全に硬直。せめて、追いかけて怒ってやろうかとも思ったが、まだ小さい次男を抱っこしていたのでそうもできず。

サルは法律で獲ることを禁じられている非狩猟獣、いくら猟師の僕でも防戦一方だ。

神猿による獣害

各地の農村も、抜け目のないサルたちへの対応に苦慮している。農地はなんとか柵で囲っても、立派に成長した柿や栗の木は囲えず、かといって切るのは忍びない。墓地のお供え物や農家が捨てるくず野菜もサルは狙うようになっており、これでは集落に呼び寄せているようなものだ。ガードの甘い郊外の家庭菜園も格好の標的になっている。

　江戸時代以前は、サルの獣害が多くの記録に残っているが、明治頃から終戦直後までサルは人間の活発な山林利用や猟銃所持の自由化により、生息域が奥山に限定されていた。一部地域では積極的に狩猟の対象とされ、絶滅したエリアもある。それが、戦後すぐに狩猟禁止になったこともあり、徐々に生息数を増やすことになる。そして、奥山の針葉樹林化と里山林の放置などの影響で、シカやイノシシと同様に活動エリアが人里に近づいてきている。

　また、サルの場合は、学術研究や観光目的の積極的な餌付けで、人間の食べ物の味を覚え、人間を恐れなくなったというのが定説だ。

　僕の住む京都市の隣、滋賀県大津市も、比叡山のサルが住宅地に出没し、頭を悩ませている。一九六〇年代に学術研究のために餌付けされたのがきっかけで、観光用のドライブウェイ沿いに出没し、観光客から食べ物をねだるようになった。さらに人里にまで出没し始めたため、大津市が山から降りないように餌をやっていた時期もあったが、結果としては人間の食べ物に慣れたサルを増やすこととなった。山の食べ物に比べ栄養豊富な里の食べ物を食べるようになったサルは健康状態も良くなり、数がどんどん増えていく。

　大津市のサルといえば、捕獲後の殺処分の是非を巡ってマスコミを騒がせた大津E群が有名だ。この群れは極度に人慣れが進み、山へ返す方策もなく最終的に全頭捕獲され、施設で飼育されることとなった。

大津の日吉大社では比叡山のサルは「神猿《まさる》」と呼ばれ、神の使いとされている。そのサルが今や有害捕獲され、ケージの中で飼育されている。

農作物への被害だけでなく、咬傷事故など市街地の住民との間でもトラブルが発生している。サルによる被害の対策としては、人間とサルの生活域を分けることが重要だとよく言われる。しかし、長年の餌付けなどで人間の食べ物の味しか知らない新世代のサルも多い中、いまさら山に帰れというのはなかなか無理な注文だ。臨時職員を雇って追い払いを行っている自治体もあるが、効果が上がらず苦労しているところも多い。有害捕獲したサルを終生飼育している自治体ではそのための費用もかさんでいる。

犬猿の仲

僕が住んでいる集落にサルが頻繁に出てくるようになったのは、ここ十数年の話だそうだ。ちょうど十年前に今の家に引っ越してきていきなり、軒先に吊るしておいた干し柿を食べられたので、ずっと昔からいたのかと思っていたがそうではないそうだ。近所の人は「昔はこの谷にはようけ犬がおったから、サルも怖くて近寄れんかったんちゃうかなあ」と話している。

「犬猿の仲」の言葉通り、昔からサルの天敵は犬だと相場が決まっていて、そんな昔話も数多く残されている。かつて、田舎の集落には放し飼いの犬がうろうろしているのが普通だった。そう野良犬が住み着いていたり、いわゆる野犬《やけん》が鶏小屋を襲うなんてこともあった。そういう集落にはサルたちは恐ろしくて近づこうともしなかったはずだ。保健所が整備されて犬が減り、犬はつないで飼うのが常識となった現在の集落に、サルにとって怖いものは何もなくなってしまったのだろう。

実際、犬を利用してサルを集落から山に追い上げる「モンキードッグ」という取り組みが一部の地域で行われていて、一定の効果を上げている。ロケット花火で人間が追い立てても、慣れたサルはちょっと離れたところで平気な顔をしているが、犬に追われたらかなり本気で山奥へ逃げていくそうだ。

ちなみに、つながれた犬に対しては、サルはまったく恐れることはない。僕の知人の飼い犬は連日、サルにおちょくられてノイローゼのようになってしまった。

はなれザル

サルによる農作物の被害を受けた人からは、最初に偵察役のようにサルが一頭だけやってきて、しばらく後に群れが大挙して押しかけてくる、という話をよく聞く。一頭だと思って油断せず、しっかり脅しておかないと、安全な餌場だと認識されてしまう。

サルが一頭だけしばらく集落に居着いていて、いなくなったと思ったら群れが来るようになった、というケースもある。こういうサルは、成長して群れから出て単独行動しているオスが多い。「はぐれザル」などと呼ばれることがあるが、決してはぐれているわけではない。

サルの群れは基本的にはメス中心の集団で、オスはある程度大きくなったら群れを出て若いオスの集団を作るか、単独で行動するようになる。そして繁殖のシーズンに生まれ育った群れとは別の群れに合流する。このときに、おいしい食べ物がたくさんある集落の話が仲間に伝わる仕組みだ。こうして情報は広がり、山奥で暮らすサルの群れまで人里に出てくるようになる。かわいそうなはぐれザルだと思って、餌をあげたりしようものなら、のちのち大変なことになるというわけだ。最近では、この表現は誤解を招くということで「はなれザル」と呼ばれるよ

うになっている。

シカやイノシシと違ってサルは高いところも登ることができる。被害が多い地域では、通常の防獣ネットの上に乗り越えられないように電気柵を継ぎ足して張っている人もいれば、ビニールハウスの枠を使ってまるごとネットで農地を覆っている人もいる。サルが登りにくい構造のよくしなる支柱を使った防獣柵も開発されている。ただ、どれも構造が複雑になるため、ちょっとした設置ミスや経年劣化などで侵入されてしまうこともしばしばだ。傾斜地の多い山間部の畑や森に囲まれた果樹園など、囲いようのないところも多い。

ほかの動物に比べサルは特に学習能力が高い。初期対応を誤れば、あとで大変な犠牲を払うことになってしまう。

かじってはポイッ

「食べるんなら、最後まできれいに食べろ!」

サルに畑を荒らされた人が口をそろえて言うセリフだ。サルが入った後の畑を見てみると、引っこ抜いて一口だけかじったダイコンがたくさん転がっていたりする。丹精を込めた作物がそんな食べられ方をしたら怒りも一層増すはずだ。もったいないと思って持ち帰って、かじられた部分だけ取り除いても、サルの食べ残しを食べているようでなんとも気分が悪いことだろう。当然商品としての出荷などはできるはずもない。

しかし、サルのそんな食べ方は森の中では重要な意味を持っているという考え方がある。木登りが上手で樹上生活をおくるサルは、果樹が食べ放題である。それをサルが全部食べてしまっては、地上で暮らすタヌキやキツネなどの動物が食べるものがなくなってしまう。そこでほかの動物も食べられるようにサルはああいった、「かじってはポイッ」という食べ方をするようになったというのだ。サル自身がそんなことを考えて実行しているわけではないが、森林の生態系全体を見るならば、大変理にかなっている。

昔話の「さるかに合戦」でも、サルはカニに向かって青い柿を投げつけたことになっているが、それはサルのこういった食べ方を見ていて思いついた設定なのかもしれない。ひょっとしたら、サルには悪意はなかったのではないか、と考えてしまったりもする。

または、毒に対する警戒だとも言われている。自然界には有毒な食べ物もあり、それを一度にたくさん摂取してしまわないための自己防衛の手段としてあの食べ方を身につけたというのだ。これはこれでなかなか説得力がある。

ただ、こんな理由を知ってもサルに農作物を荒らされた人にはなんのなぐさめにもならないとは思う……。

サルの価値

サルは非狩猟獣なので普通は獲ることができず、有害駆除の許可を得た場合のみ捕獲できる。

だが、サルの駆除を嫌がる猟師は多い。

「銃口を向けたらサルが手をあわせて拝むので、撃ちづらい」

「死ぬときに赤い顔が見る見るうちに青ざめていくのは、気持ちのよいものではない」

猟師たちはそう言ってあまり獲りたがらない。実際、僕もくくりわなに間違ってかかってしまったサルを逃がそうと近づいたときに、拝むようなしぐさをされたことがあった。

サルを逃がすときは棒などを利用して押さえ込み、背後から首根っこをつかむ。これが大きなオスザルになると威嚇してくるので大変だ。最近はわなのしかけ方を工夫してサルがかからないようにしている。

サルは戦後すぐに狩猟獣から除外されたので、その肉を食べたことがある人はもうあまりいないだろう。かつては各地の山村で食べられていたという話も聞く。サル肉を食べたことがあるというご老人に会ったことがあるが、味は赤身の牛肉に近く、おいしかったそうだ。地方によってはみそ漬けにしたりして、赤痢などの病気の民間薬として利用していたところもある。

毎年、有害駆除で殺されるサルの数は全国で約一万頭。しかし、群れごと全頭捕獲を実施したような場合を除いては、被害はなかなか減っていない。では、さらに捕獲数を増やすために、再び狩猟対象にすればいいのかというと問題はそう単純でもない。サルを獲りたがる猟師は今は少ないだろうが、一方で漢方薬として頭部の黒焼きはいまだに珍重されており、医薬品や化粧品開発のための実験動物としての需要もある。以前、有害捕獲したサルを多数飼育し、実験動物用に無許可で転売して問題となった業者もいた。自由に狩猟できるようになれば、金儲けのために乱獲される可能性は十分あるだろう。集団で日中に行動して人目につきやすいため誤解されがちだが、ニホンザルの生息数はシカやイノシシなどと比べるとずっと少なく、地域個体群も孤立している場合が多い。

「日本は先進国で唯一サルが生息する自然豊かな国」と言われることがあるが、人間とサルが共存できているかというとなかなか厳しい状況だと言わざるをえないだろう。

クマとの出会い

食べられたシカ

三年前の暮れ、裏山にわなの見回りに行くと、林業用の防獣ネットに絡んで死んでいるオスジカを見つけた。角にネットがぐるぐる巻きになっていて、簡単に外れそうになかったので、かわいそうだったがそのままにしておいた。

明けて一月の中頃、気になってそのシカの様子を見に行った。すると、ネットに頭部だけ残っていてあとは何もなくなっていた。キツネやカラスが食べたならたいがい毛皮や骨はその周辺に散らばっているものだが、何一つ残っていない。イノシシがシカの死骸をあさることもあるが、その場から運び去って食べることはあまりないので、現場になんらかの痕跡は必ず残る。〈これはひょっとして……〉と思い、入念に現場を調べると斜面にシカを引きずっていったような跡がある。それを追跡していくと五〇メートルほど離れたところで毛皮と骨だけになったシカの死骸を発見した。その近くに真っ黒い巨大な糞も。

〈クマで間違いない。しかし、まだ冬眠してないのか……〉

日本には、北海道にヒグマと本州以南にツキノワグマが生息している。ともに狩猟獣だが、西日本などの生息数の少ない地域では捕獲禁止になっているところも多い。僕が暮らす京都でも十年以上前から禁猟になっている。そもそもわなによるクマの捕獲は法律で禁じられており、僕にとっては狩猟の対象外だ。

僕が使っているくくりわなは、クマを誤って捕獲しないために、二〇〇七年度からくくり輪の直径をクマの成獣の足が入らないサイズとされる一二センチ以下にすることが定められた。イノシシ用の箱わなも、クマが間違って入ったときのために上部に脱出口を設けることが推奨されている。

この日は、わなをしかけていないエリアも含めてクマの痕跡探しをしたが、ちょっと前に付いた爪痕と古い糞をもう一つ見つけただけだった。しかし、その糞があった場所は住宅地から一〇〇メートルほどしか離れていなかった。すぐ近くにコンビニもあるような場所だ。住民の多くはまさかそんなところをクマがウロウロしているとは想像もしていないだろう。

狙われた巣箱

七年ほど前のある日、子どもが通う保育園から電話をもらった。なんでも、園庭の木にミツバチがたくさん集まって、園児が怖がって大騒ぎになっているそうだ。ミツバチは春先に「分蜂」と言って、古い巣を新しい女王蜂に譲り、古い女王蜂が働き蜂の半数を率いて新しい巣を作る「巣分かれ」を行う。新しい営巣場所に移るまでにミツバチたちは木の枝などに集まり「蜂球」を作るのだが、知らない人が見るとかなりびっくりする光景だ。

連絡をくれた保育士さんは自然や生き物に詳しい方で、蜂球が在来種のニホンミツバチのものだとすぐに分かり、僕に連絡してくれた。

「このままだと保健所に頼んで駆除しないといけないんだけど、千松さんなら飼ってくれるかと思って……」とおっしゃっていた。

猟師の中にはニホンミツバチの養蜂をしている人も多い。一度やってみたいと思っていたので、保育士さんの申し出を僕は二つ返事で引き受けた。

蜂球を取り込むのは初めてだったが、脚立を設置して近づき、ビニール手袋をして段ボール箱にかき入れた。一万匹はいそうな大きな蜂球だったが、刺されることはなかった。ニホンミツバチは一般的に養蜂で使われるセイヨウミツバチに比べとてもおとなしい性質だ。

ミツバチたちを自宅に持ち帰った後、僕は大急ぎで庭に巣箱を用意した。木製の漬物だるを伏せて、小さな出入り口を開けただけの簡易な巣箱だったが、ミツバチたちは気に入ってくれたようで、その日のうちからせっせと花粉や蜜を集め始めた。巣箱から出たり入ったりしているミツバチはかわいらしく、その様子を眺めているだけで穏やかな気分になった。

巣箱を観察するのが僕の日課になった。雨が続くと、蜜の備蓄は大丈夫かと気になり、スズメバチが襲撃してきたときはバドミントンのラケットで加勢した。一週間に一度は巣箱を持ち上げて、巣の様子を観察した。そのたびに確実に重くなっていることを確認し、この分だと秋の終わりにはたっぷり蜂蜜が取れるだろうと思っていた。

そんなある日、いつも通り巣箱へ向かうと、なんと漬物だるがひっくり返ってしまっている。急いで駆けつけると、中の巣がミツバチごとなくなっていた。僕は一瞬何が起こったか理解できず、ぼうぜんとした。

蜜はなかなか得られず

ひっくり返されたミツバチの巣箱は我が家の庭に置かれており、そうそう他人が来るようなところではない。しかも巣箱の上にはコンクリートブロックを二つも重しとして置いてあったので、ちょっと押した程度では倒れたりしない。最初は人間を疑ったが、よく見ると現場周辺に巣のかけらが散乱している。しかも、ところどころに巣をかじった痕跡がある。足跡こそ見つからなかったが、漬物だるの側面に残されたするどい爪の跡が決定的だった。

犯人はクマだと結論づけるしかなかった。自宅の裏山にクマが来ることもあると聞いてはいたが、まさかこんな庭先までやってくるとは。以降、この年は猟期に入っても常にクマを意識しながら山を歩いたが、結局それらしい痕跡を見つけることはできなかった。当時の僕は、自分の狩猟対象でないクマの生態を何も知らないに等しかったので、当然の結果だった。このときはクマの存在を一〇〇%は信じきれていなかったのも事実だ。

その二年後の春、ニホンミツバチに未練があった僕は、分蜂群の捕獲用の巣箱、いわゆる「待ち箱」をいくつか家の周りに設置した。ゴールデンウィークの頃までに三群の捕獲に成功し、養蜂を再開した。この年もミツバチたちは順調に蜜を集めてくれていたが、結局それが僕の口に入ることはなかった。

ある晩、なんだか外で物音がする。夜八時くらいだったと記憶している。表に出て見に行ってみると、家の近くの駐車場の脇に設置した巣箱がひっくり返され、そこら中をパニックになったミツバチが飛び交っている。そのときは思わず周囲を見回した。まさについさっきまでここにクマがいたということだ。我が家からすぐのこの場所に……。

前回はたまたまやってきたクマによる偶発的な事故かと思っていた。しかし、今回の襲撃で、我が家の裏山は確実にクマのテリトリーで、餌を求めてうろついていることが明らかになった。

専業の養蜂家が使っている電気柵や鉄製のおりなどで囲って、飼育を続けようともしたが、それでもクマを自宅周辺に呼び寄せてしまうことにはかわりない。子どもがまだ小さいこともあり、万が一の危険性を考えて、自宅周辺での養蜂は断念することになった。

森作りの方針の対立

クマの農業被害は養蜂以外では、栗や柿などが中心だ。果樹園だけでなく、民家の軒先の柿の木にも大胆にやってくる。トウモロコシやカボチャ、スイカも被害に遭う。また、養鱒場《ようそん》のニジマスも狙われることがある。

林業での被害も深刻だ。「熊剝ぎ」という針葉樹の木の皮を剝ぐ行動が有名だ。皮を剝がされたスギやヒノキは枯れるか、そこまでいかなくても変形してしまい材木として価値が下がってしまう。被害が多発する地域では、クマが嫌がるようにビニールテープが一本一本の木に巻きつけられているのをよく目にする。

クマが木の皮を剝ぐのは、その下の甘い樹液を舐めるためだと言われているが、「生態改変者」としての役割を果たしているとも考えられている。クマが皮を剝いで木が枯れることで森林に変化が起き、結果として林内の日当たりが改善され、残った木は大きく成長しやすくなり、林床では草や幼木が芽吹きやすくなるという。また、クマはドングリや果樹を食べるとき、木に登ってその枝を折りながら食べる。その際、折った枝を尻の下に敷いていく習性があり、それは「熊棚」と呼ばれる。樹上にできる熊棚はクマを見つけるときの重要な痕跡の一つだが、この行動も林床への日当たりの改善につながっているというのだ。

森の中ではシカも樹皮を剝ぐし、イノシシがヌタ摺りを繰り返した木はいずれ枯れる。カワウの集団営巣地（P187参照）でも木々が枯れ、大量の糞で肥沃になった大地が残る。こん

な野生動物たちの行動はしばしば問題視もされるが、本来は森の多様性を生み出す意味のある営みなのではないだろうか。

適度に木が枯れ、傷つけられて変形した木がたくさんある森の方が多くの動物たちにとっては都合が良い。枯れ木にはそれを餌として昆虫が育つし、木の傷が元でできた樹洞は小動物が利用する。クマの大好物のミツバチも営巣に使うことだろう。だんだん大きくなった樹洞は数十年後にはクマの冬眠穴にもなるかもしれない。クマが樹皮に傷をつけるのは、自分たちの子孫の生存のために樹洞を用意しているという説まである。シカが幼木を食べ尽くし、樹皮を剝いで木を枯らすのだって、生態系に対する被害だと言われるが、シカの種族繁栄のためには森よりも草原がもっとあった方がいい。動物たちがそれぞれの思惑に沿った森作りをしているとも考えられるのだ。

一方で、人間の森林利用の代表である林業は、整然とした森を求める。均一な木々が並ぶ森を求める人間と多様な木々を必要とする動物たちとは、森作りにおいて対立せざるをえないのかもしれない。

オシ、アマッポ

二度目にミツバチが襲われた二〇一〇年は、全国的に人里にクマが大量出没した年だった。山のドングリの不作が原因だとされているが、その年は我が家の裏山にもクマが頻繁に訪れている痕跡があった。餌を求めて普段よりも行動範囲を広げたのだろう。アラカシやシイの木には不格好な熊棚ができ、登り降りした際の爪跡も随所に見つかった。その年はクマを錯誤捕獲しないようにずいぶんと気を使った。一二センチの規制があるとはいえ、指先だけでわなにかかる可能性もゼロではないからだ。クマの糞が落ちているけもの道にはわなをしかけず、例年はリュックにしまっているイノシシのトドメ刺し用の剣鉈を腰からぶら下げて山を歩いた。猟期前の見回りでは実際に谷を挟んで一頭のクマと遭遇した。

京都の山で四十年以上わな猟をしている師匠の角出さんでも、クマがわなにかかったことはないと聞いていたので、これまでは安心していた。しかし、この年は初めて自分のわなにクマがかかる可能性を真剣に考えた。ちなみに、現在は禁止されているが、かつてはクマを捕獲する方法としてわなは広く用いられていた。

東北地方を中心に行われていたのが、オシ（もしくはオソ）と呼ばれるわなだ。クマの通り道にトンネル状の仕掛けを木で作り、その天井部分に重い石をたくさん載せておく。クマがその下を通ると仕掛けが作動し、天井が落下して圧殺するというものだ。集落によってはオシを設置する場所の権利が家ごとに決められていたり、設置方法が厳密に伝承されていたりとかなり重要な猟法だった。しかしほかの動物を捕殺してしまう可能性や、人間が通った場合の危険性が問題視され、禁止猟法となった。

北海道のアイヌ民族は、アマッポと呼ばれる仕掛け弓猟を行っていた。トリカブトなどから作った毒をヤジリに塗った弓矢をクマの通り道にしかけ、クマの脚が通り道に張ってある蹴糸《けいと》にかかると弓が発射される。蹴糸と弓矢の位置を調整することで、クマやシカの場合は心臓周辺に刺さり、人間が間違って蹴糸に触れた場合は背中の後ろを矢が通過するようにしていたとされる。しかし、明治以降に多数の和人が開拓民として入植してくる中で危険性が高いと考えられ、仕掛け弓猟は禁止された。

現在は有害鳥獣捕獲の場合にのみ、わなの利用が認められており、イノシシなどに用いる金属のおりのほかにドラム缶を連結させた箱わなも利用されている。どちらも基本的には餌で誘引する方法で、かつてクマのけもの道を判別して設置されていたオシやアマッポとは異なる。

クマを変えてしまう人間

人に危害を加える可能性のあるクマは、人里に出没しただけでたいてい駆除されてしまう。地域によっては麻酔銃で眠らせて奥山に放獣したり、唐辛子スプレーなどで嫌な思いをさせて人里に来ないように仕向ける学習放獣なども行われているが、よい放獣先が見つからなかったり、結局何度も里に降りてきて殺されてしまうことも多い。

人里に出没したクマの処置をめぐっては、クマを守れという都市部の市民と、実際に被害を受ける山間部の住民との間で軋轢を生む場合もある。そして多くの場合、実際にクマを殺す立場の猟友会の人間が矢面に立つことになる。

以前、札幌でお会いしたある年配の駆除隊員がこんな話をしてくれた。

「こないだの春もなあ、クマが出たからって呼ばれて行ってみたら、まだ何も分かってないようなコグマがふきのとうなんか食ってるわけよ。でも、もう何日も民家の裏にいるから殺してくれって役所に言われたから撃ったんだけど、かわいそうだったなあ。人間も動物もお互いの境目が分からなくなっちまってんのかなあ」

自然とのかかわりの薄れた現代の暮らしが、クマを人里へと呼び込んでしまっている側面もある。人の気配のない放置された里山の森はシカやイノシシだけでなく、クマにとっても絶好の餌場であり、隠れ場所となる。そのそばに、キャンプ場の弁当くずや廃棄された農産物が転がっているのだから、クマにとっては最高の環境だ。集落のはずれに生える柿や栗の大木も目に入らないはずがない。これでは餌付けしているようなものだ。ドングリが凶作の年に「クマがかわいそうだ」と街で集めたドングリや果物を山にまくという取り組みがあるそうだが、これも人間のにおいのついた食べ物をクマに食べさせるという点では、逆にクマを人里に寄せ付けることになってしまうだろう。また、豊凶は、子孫を食べ尽くされないためのドングリの木の生存戦略であるとも言われている。そこに外部からドングリを持ち込むということは結果としては生態系のバランスを崩してしまうことにもなるだろう。

最近はドングリが不作でない年でもクマが人里にたくさん出没することもある。これは生息数が増えている可能性もあるが、学習能力の高いクマが人間界の食べ物の味を覚えたのも理由の一つだろう。狩猟が長らく禁止されている地域では人間を恐れなくなったクマが増えているとも言われる。

クマが減っているのか増えているのか。それは地域によって様々だし、なかなか実態を把握するのは難しい。ただ、僕が猟場とする山々に限って言えば、年々クマの痕跡は増えている。

ここ数年は、山中で死んでいるシカを見かけたら、その後の動向を必ずチェックしているが、かなりの確率でクマが食べにきている。ツキノワグマは植物食の傾向が強いと言われるが、基本的に雑食だ。簡単に手に入るのなら、当然シカだって食べるだろう。クマは昆虫を好んで食べるので、最初は腐敗した肉に湧いたウジなどを食べているのかと思ったが、確実に内臓も肉も食べているようだ。

防獣ネットに絡んで死んだシカだけでなく、有害駆除目的で捕獲されたシカも、そのまま山中に多数放置されているのが、日本の山々の現状だ。シカが冬にも簡単に手に入るとクマが学習しつつあるのは間違いなく、これまでは稀だと言われていた冬眠しないクマが今後増えてくることも考えられる。実際、冬でも食べ物を手に入れることができる台湾のツキノワグマは冬眠しないそうだ。

くくりわなにかかった生きているシカをクマが襲ったという話まで耳にするようになってきた。これまでにはまず考えられなかった話だ。人間活動が及ぼした自然界への影響が、クマの生態をも変化させている。

当分は腰の剣鉈に手を添えつつ、猟場を歩く日々が続くことになりそうだ。

忘れられたキツネ

二回目の養鶏

三年前の春、知り合いの養鶏家からメスのヒヨコを六羽譲ってもらった。褐色の卵を産む赤玉鶏で順調に飼育を続けている。最初の年の秋頃から卵を産んでくれていて、家族四人が食べるのにはちょっと多いくらいだ。

餌はくず米や米糠が主で、そこにおからや野菜くず、雑草などを混ぜる。僕が獲ってきた魚のアラや貝殻も喜んで食べてくれる。暖かい時期は子どもたちがミミズを掘り返して熱心に与えていた。餌代はタダみたいなものなのに、おいしい卵と良質な肥料である鶏糞を生産してくれるのだからありがたい。

鶏小屋も手作りだ。もらってきた廃材を利用して作ったのでこれも費用はほぼゼロ。小屋の床にも板を敷いて高床式にしてある。ニワトリは砂浴びをするし、小屋内の温度や湿度の管理を考えると直接地面の上で飼うのが良いのだが、これは以前の苦い経験を受けてのことだ。

実は、今の家に引っ越してきてからニワトリを飼うのはこれが二回目になる。前回は京都市の青少年科学センターでもらってきたヒヨコだった。最近はしていないそうだが、以前は孵化の様子を観察できるコーナーがあり、ヒヨコを希望すればもらうことができた。養鶏場ではないのでオスメス両方いて、僕は全部で十一羽もらったが、オンドリが七羽でメンドリが四羽だった。オンドリは知り合いの誕生日や出産祝いなどで順次つぶして食べ、メンドリは採卵のため飼育を続けた。このときも鶏小屋は手作りだった。山の斜面に設置したために、地際にできてしまった微妙な隙間はコンクリートブロックでふさいでおいた。実家でもニワトリを飼っていて、天敵はイタチだと認識していたからだ。イタチの力では絶対に動かせない重さである。飼い始めて二年は特にトラブルはなく順調だったが、ある日異変が起きた。

ニワトリがいない

その日の朝も普段通り鶏小屋の扉を開け、餌を与え、採卵箱の卵を回収した。病気で一羽死んでしまっていたので、三羽のメンドリが残っていた。小屋から出ようとしたとき、床にちょっと羽毛が飛び散っているのが気になり、〈けんかでもしたのかな〉と様子を観察した。ニワトリはストレスがたまると尻のつつき合いのようなことをたまにするのだが、小屋の中のニワトリは特にけがはしていなかった。しかし、二羽しかいない。

〈また扉の鍵を締め忘れてたかなあ……〉

実は以前も何度か扉を開けっぱなしにしてニワトリに逃げられたことがあった。そのときは山の中を必死に追いかけ回してなんとか捕まえた。今回も裏山に入って軽く捜してみたが見当たらない。小屋から出てしまったニワトリは暗くなると勝手に戻ってくることも多いので、夕方にもういっぺん様子を見に来ればいいかと軽い気持ちでその日は出かけた。

夕方、戻ってみるとなんとニワトリがさらに一羽いなくなっている。扉の鍵はしっかりかかっており、逃げるのは不可能だ。ここでようやく事態の深刻さを認識し、小屋の周りをチェックした。すると裏側の地際のコンクリートブロックがずらされ、穴を掘って侵入した跡が！よく見ると血痕もあり、周辺には微妙な獣臭も残っていた。

キツネの仕業

「それはキツネで間違いないな。イタチやったら、小屋に入ったら一気に全部殺しよるからな。キツネは一羽ずつ盗んでいきよる。それにキツネの穴掘る力は結構強いから、コンクリートブロックくらいやったら簡単に動かすやろな。小屋の周りに石灰まいたったら足跡が残るし、犯人が分かるわ」

角出さんからこんな助言を受け、さっそく穴をふさいで石灰をまいた。

翌日、小屋の裏側をチェックしてみると、見事に足跡が残っていた。大きさから判断して、まずイタチではない。しかも鶏小屋の金網に前脚を掛けたような、後ろ脚だけ踏ん張った足跡まで。その形状を見ても、キツネで間違いないだろう。最後の一羽を食べようとしてやってきて、穴がふさがっていたのでちょっと警戒し、その後二本脚で立って中の様子をのぞき見たのだ。穴をもう一度掘ろうとした痕跡はなく、ウロウロしてから去っていったようだ。

その後、キツネが再び穴を掘れないように、僕はブロックを固定し、その隙間にはコンクリートを流し込んでおいた。しかし一度そこにおいしいニワトリがいることを覚えたキツネは、諦めきれずにことあるごとに小屋の様子を見にきているようだった。そして一カ月ほど経ったおそれ入りますが、切手をお貼り下さい。

読者ハガキ

151-0051
東京都渋谷区千駄ヶ谷3-56-6

(株)リトルモア 行

Little More

ご住所 〒

お名前(フリガナ)

ご職業

□男 □女 才

メールアドレス

リトルモアからの新刊・イベント情報を希望 □する □しない

※ご記入いただきました個人情報は、所定の目的以外には使用しません。

ご購読ありがとうございました。
今後の資料とさせていただきますので
アンケートにご協力をお願いいたします。

voice

お買い上げの書名

ご購入書店

市・区・町・村　　　　　書店

本書をお求めになった動機は何ですか。

□新聞・雑誌などの書評記事を見て（媒体名　　　　　　　　）
□新聞・雑誌などの広告を見て
□友人からすすめられて
□店頭で見て
□ホームページを見て
□著者のファンだから
□その他（　　　　　　　　）

最近購入された本は何ですか。（書名　　　　　　　　）

本書についてのご感想をお聞かせ下されば、うれしく思います。
小社へのご意見・ご要望などもお書き下さい。

ご協力ありがとうございました。

ある晩。ニワトリの騒ぎ声が聞こえ、家を飛び出して行ったが、後の祭り。金網の錆びた部分を食い破って、小屋に侵入したキツネが最後のニワトリをくわえて走り去った後だった。

キツネと農業の関係

農村部で今より庭先での養鶏が一般的だった時代には、僕が被害を受けたように夜な夜な忍び込んでくるキツネは農家の天敵だった。今でも田舎の商店に行くとキツネやイタチを捕獲するトラバサミが棚に並んでいるのを見かける。

本職の養鶏家にとっても山間部の鶏舎ではキツネ対策が欠かせない。ニワトリの餌の食べ残しに集まるネズミを狙って余計にキツネが寄ってくることもある。知り合いの養鶏家が朝夕二回だった給餌を朝一回に変えたところ、夜にネズミが来なくなり、キツネ被害がだいぶ軽減したそうだ。ほかに果樹やトウモロコシも食害に遭う。キツネは肉食傾向が強いので養魚場に侵入することもある。

一方、稲荷信仰ではキツネは田畑を荒らすネズミを捕食してくれる「益獣」とされている。僕の実家の田んぼのそばにも小さいお稲荷さんの祠があり、田の神として祀られている。父親が小さい頃は、実際にその裏の森にはキツネの親子が住み着いていたそうだ。京都の伏見稲荷大社には狛犬の代わりに稲穂をくわえたキツネが鎮座している。

農業と野生動物のかかわりは、ともすれば被害ばかりが話題になりがちだが、このように野生動物と共存してきた側面もある。イノシシなどによる獣害を防いでくれるというので、地域によってはオオカミを祀った神社もあるほどだ。

なお、沖縄にはキツネはいないが、北海道にはキタキツネが生息している。キタキツネは観光客による餌付けなどで、市街地や国道沿いに現れるのが近年問題となっている。深刻な感染症であるエキノコックス症を媒介することもあり、有害駆除も行われている。

狩猟対象としてのキツネ

人間はキツネを狩猟対象ともしてきた。昔話の中でもキツネの毛皮を狙う猟師はしばしば登場するが、化学繊維が普及する前はふわふわして触り心地のよいキツネの毛皮は防寒具や装飾品として価値のあるものだった。

僕のわなにもこれまで何度かキツネがかかったことがある。きれいな黄色い毛皮はなめして脛当てに加工したが、物は試しとさばいてその肉も食べてみた。味つけした肉をうどんに載せて「これがホントのきつねうどんだ」などと冗談めかして友人と食べたのだが、だし汁にまで独特のにおいが移ってしまい食べられたものではなかった。なんとか臭みを消そうと、牛乳に漬けてからカレーにしてみても無理だった。「タヌキ以上にキツネの肉は臭いぞ」と角出さんからは言われていたのだが、キツネが「毛皮獣」と言われる理由を身をもって体験できた。

一般的に獣肉が臭いと言われるときは、冷却不足や血抜きが不十分な処理の悪い肉を食べた場合が多い。また、捕獲した時期が発情期だったり、季節ごとの餌の違いが関係することもある。こういう肉を食べた人が「イノシシやシカの肉は野生動物だから臭い」と誤解するわけである。それとは別にそれぞれの動物特有の風味もある。これは野生動物に限った話ではなく、牛、豚、羊、山羊などの家畜にもそれぞれの風味があり、それを臭いと感じるかは慣れの問題も大きい。だから、数回食べたくらいで「この動物の肉は臭い」と決めつけるのは、本来はあまり良くないことだ。でも、そう断言したくなるくらいキツネの肉は臭かった。この経験をしてからはキツネがわなにかかっても逃がすようにしている。

忘れられたキツネ

こんな話を近所の人にすると、「キツネなんて見たことないわ。まだおるんやねえ」と驚かれることが多い。年配の方でも自分の家のすぐそばでキツネが暮らしていることを知っている人はあまりいない。かつてキツネは人間の生活になじみの深い動物だった。里のけものであるタヌキとともに各地に伝わる説話や昔話にもよく出てくる。信楽焼の置物に代表されるタヌキがややひょうきんでおっちょこちょいに描かれるのに対し、キツネは知恵が回り、狡猾という性格つけをされ、村人をだます存在としてよく登場する。しかし、それはもう過去の話だ。

人間の自然へのかかわりや暮らし方が変化したことにより、一方では獣害という形でシカやイノシシなどの野生動物との軋轢が増しているが、その一方でキツネのようにその存在自体が忘れ去られようとしている動物たちもいる。庭先養鶏が減りキツネの被害も少なくなり、毛皮のための捕獲対象として見られることもなくなった。人間の暮らしとキツネとの間にはもはや接点が存在しない。葉っぱを頭に載せたキツネに化かされることもなくなった現代の僕たちは、彼らとの間に新しい物語を生み出すことも当分ないだろう。今、この列島に暮らす人々とキツネの関係は歴史上最も疎遠になっている。

スズメを見つめる

スズメの減少

日本で最も身近な野鳥は何かと聞かれれば、多くの人がスズメと答えるのではないだろうか。確かに市街地や農村地帯に暮らし、山の中ではほとんど見ることはない「里の鳥」だ。瓦屋根の隙間など、人工物に営巣することが多く、秋には稲を食害する。それゆえに農家にとってスズメは「害鳥」の代表格だった。

僕が子どもの頃には、「ツバメは虫を食べてくれるから益鳥で、スズメはお米を食べるから害鳥」と教わったのを覚えている。スズメとともに狩猟鳥に指定されているニュウナイスズメも昔から「害鳥」だと言われてきた。ただ、どちらのスズメも春の子育てのときにはたくさんの害虫を食べる益鳥でもある。

ありふれた鳥だと思われているスズメだが個体数は近年減少してきていると言われている。

『狩猟読本』に掲載されている「主な鳥獣の捕獲数の推移」によれば、狩猟と有害駆除を合わせた捕獲数が、一九八二年は三百万羽以上なのに対し、九七年に七十七万羽、二〇〇六年には十六万羽となっている。焼き鳥屋などでの需要減もあり、スズメ猟をする人も減っているとはいえ、これはどう考えても減りすぎだ。スズメによる農作物の被害も、面積、金額ともに年々減少しており、農家に聞いても「最近はスズメが減ったなあ」と口をそろえる。

「コンクリートの家ばっかりで巣作るとこもあらへんし、畑も農薬使いすぎで餌になる虫もおらんのやから、減って当然やわな」

僕の網猟の師匠、宮本さんは言う。はるか昔から一緒に暮らしてきた人間とスズメの関係に異変が生じつつある。

伏見稲荷のスズメの丸焼き

僕の暮らす京都には、全国の稲荷神社の総本山である伏見稲荷大社がある。そこの名物がスズメの丸焼きだ。商売繁盛の神であるとともに五穀豊穣の神でもある伏見稲荷では、お米を食べるスズメは悪者とされ、退治する意味を込め、その焼き鳥が参道で売られている。

以前は安い中国産のスズメが大量に輸入され、何軒もの店で一年中販売されていた。しかし、九九年に中国がスズメを含む野鳥の禁輸措置を取り、以降輸入が完全にストップした。そのため、スズメの販売を取りやめた店も多く、現在では数軒が国産のスズメを冬季限定で販売している。

冬場にたくさんの穀物を食べ、まるまる太ったスズメは「寒すずめ」と呼ばれ、脂が乗って大変おいしい。数年前、NHKで伏見稲荷のスズメの焼き鳥と宮本さんのスズメ猟の様子が全国放映された。スズメは頭から骨ごとバリバリと食べるのだが、常連さんは頭が一番おいしいと言う。参道で取材を受けた地元の女子大生の「脳みそがぷちゅっとしてておいしいです！」というコメントに衝撃を受けた人が全国にたくさんいたことだろう。

野鳥を食べる文化

スズメの焼き鳥は「姿焼き」だ。スズメを食べるというだけで、ちょっと抵抗がある人は、ハラを割いてくちばしを落としただけの実物を見たら、もしかしたら食べられないかもしれない。しかし、戦後に安価な鶏肉が出回るようになるまで、焼き鳥といえば畜肉の臓物などを串に刺したものか、野鳥の姿焼きだった。

スズメ猟をしているときに、近くで農作業をしている年配の方が「昔はよう食った。懐かしいなあ」と話しかけてくることがよくある。宮本さんが「持っていかはるか？」と聞くと、「じゃあ、ありがたくいただくわ」とスーパーの袋に入れて持ち帰る人もいる。今でこそもう慣れたが、最初にこのやり取りを見たときはずいぶん驚いた。僕は野鳥を食べる文化に触れずに育ってきたので、内臓も出さず、毛もついたままのスズメを何十羽も普通にもらって帰る人がいるのはなんとも不思議な光景だった。

もう定年退職した職場の先輩に話を聞いても、昔はよく野鳥を食べたそうで、「おやつ代わり」に竹で作ったわなで獲っていたと言う。ツグミが一番おいしかったそうだ。庭先でザルやレンガを使った仕掛けで子どもたちが野鳥を獲っているのも、ありふれた日常の風景だった。

野鳥を食べる文化はかつては特別ではなかったわけで、商用にもかなりの数が捕獲されていた。最近ではまず行われることはないが、以前は「地獄網」というスズメの捕獲法もあった。日が暮れて竹藪などのねぐらに帰ったスズメを狙う猟法で、袋状になった大きな網を竹藪の片側に設置し、大人数で音を鳴らしながら追い立てる。驚いたスズメは網の方へ逃げ、文字通り一網打尽となるわけである。

また、野鳥の捕獲には「かすみ網」も多用された。かすみ網は中部・北陸地方を中心に広く行われていた伝統猟法だったが、乱獲につながるということで、戦後すぐに禁止され、現在では所持・販売も違法とされている。かつてはこの網でツグミやシロハラ、アトリなどの渡り鳥が大量に捕獲されていた。禁止されてからもかなり密猟が横行していたようで、ツグミの焼き鳥をスズメと偽って食べさせる料理屋もあったそうだ。

最近でもメジロなどの野鳥を飼育目的で密猟するのに、かすみ網が使われることがあり、問題となっている。

スズメの網猟

スズメは春から夏にかけての繁殖期は、民家周辺で過ごすが、秋になると多くは農村部へと移動し、群れをなして水田地帯で採餌する。そこを狙うのがスズメの網猟だ。と言っても、狩猟が解禁となる頃には稲刈りはとっくに終わっているので、落ち穂や二番穂を食べているスズメを獲ることになる。最近は早生の品種の稲が増え、稲刈りの時期もだいぶ早まっている。また、コンバインの普及により田んぼで稲木を組んでぶら下げて干される稲も減ったため、猟期中のスズメの行動もだいぶ変わってきている。

宮本さんたちとのスズメ猟で使うのは無双網と呼ばれる網だ。地面に伏せておいた網を離れたところからワイヤーを引っ張って反転させ、鳥にかぶせて捕獲する。スズメが飛んで通るルートの下に設置して、数羽ずつおびき寄せて繰り返し捕獲する方法を「ヒラ」、まき餌などで寄せて百羽くらいを一網打尽にする方法を「マクリ」と呼ぶ。

ヒラの場合、網を設置する場所の選定が大事だ。その日、狙った群れがどこを餌場にしているのかを見極めて飛行ルートを特定する。網を張るのによいポイントがあっても、驚いたときに止まりやすい電線などが近くにあるといけない。捕獲の様子をそこに止まったスズメが見て用心してしまうので、最初は獲れても後は全然ダメということもある。

ヒラでは、おとりのスズメと剝製のカラスを利用する。おとりのスズメは網の範囲内につないでおいてその姿でおびき寄せ、ワラなどで隠したカゴの中のスズメには餌を食わせて鳴き声を出させる。また、用心深いスズメは賢いカラスがいる場所は安全だと知っているので、それを逆手にとり、カラスの剝製を網の近くに設置しておく。

マクリはスズメの群れの近くに網をしかけるが、この場合は生きたカラスをつないでおく。一瞬で勝負するヒラと違い、じっくりとスズメを寄せつけてから捕獲するため、剝製ではスズメにバレてしまう。

　ちなみに、宮本さんによると、カラスの生息数が近年増加しており、畑にもたくさんいるので、スズメ猟でのおとりのカラスが目立たず、効きが悪くなっているそうだ。都市部で増えたカラスはスズメのヒナを捕食して、スズメ減少の一因になっているとも言われている。

　スズメの生態を熟知し、その習性をうまく利用して捕獲するのがスズメ猟の醍醐味だ。だが、近年のスズメの減少を見ているといつまでスズメ猟を続けられるのか、不安にもなる。十四年前に僕が初めてスズメ猟に連れて行ってもらった頃と比べても、思うように獲れないことが多くなった。

「スズメが減っているのになんで獲るのか」「猟師が獲るから減るんじゃないか」などと言われることもある。ただ、僕は今の日本でスズメのことを常に気にかけ、生息環境などに関心を持っているのは一部の研究者とスズメ猟師くらいなのではないかと思っている。スズメがいなくなってしまってはスズメ猟は成立しない。

　網猟師は猟師の中では最も少数派で、スズメ猟の伝統が絶えてしまった地域も多い。都市部でも田園地帯でもスズメが暮らせる環境がしっかり守られ、そこでスズメと知恵比べをする牧歌的な無双網猟も存続できるように願っている。

スズメの群舞

昨年の猟期も何度か宮本さんと一緒に猟に出た。実績のある猟場を見て回り、スズメの群れの動向を確認する。その日は、冬でも青々とした葉の茂った茶の木畑を隠れ家にしている群れを狙うことにした。千羽以上はいそうな大きな群れだ。

ヒラでスズメを捕獲する場合は、隠れ家から餌場への通り道などに網をしかける。スズメが移動するときは、数羽から二十羽程度で動く習性がある。おとりにつられてスズメが急降下し、網の反転する範囲に入った瞬間にワイヤーを引っ張る。地面に足を付けてからではもう遅い。おとりの様子に違和感を感じたスズメはあっという間に飛び立ってしまう。こうやって繰り返し捕獲していくのだが、たまに群れの大半がまるごと大挙して押しかけてくることがある。

その日も午後三時頃、ボチボチと引き上げて夕方のカモ猟の準備でも始めようかと話していたときに、スズメが黒雲のようにやってきた。網の周辺を群舞し、網の範囲にも数十羽は入った。ワイヤーを引くならこのタイミングだ。しかし、ここで網を引いてしまうと、網に入りきらない大量のスズメが網の動きを直接見て警戒してしまい、翌日以降の猟に支障が出る。網を引っ張りたい気持ちを抑えて、じっとその様子を見つめる。そうしているうちに、おとりのカ

ラスや数十メートル離れたところに座っている僕たちの存在に気づいたスズメの群れは、ぐるりと方向を変え、網の範囲に降りることなく去っていった。

村上鬼城《きじょう》に「稲雀降りんとするや大うねり」という、鳴子やおどし鉄砲に驚いたスズメの様子を読んだ句があるが、まさにこんな光景だったのだろう。稲田に大挙して押し寄せるスズメの群れはかつては季節の風物詩だった。その迫力には思わず息をのむ。スズメの群れが去った後、宮本さんと目を合わせると、一羽も獲れていないのにお互いなんだかうれしくて頬が緩んでしまっていた。

カラスは変わらない

何かの気配

ある冬の日、僕のわなにかかったシカが死んでいた。木の枝にワイヤーが絡み、くくられた左前脚が吊り上げられるような形で横たわっていた。おそらく、わなにかかった瞬間にびっくりして飛び上がり、枝に絡まってしまったのだろう。かかったのは前日の夕方だと思うが、すでに冷たくなっていた。死んですぐならまだなんとかなるが、こうなってしまっては血抜きもできない。冬場であっても毛皮に包まれた動物の肉の温度はなかなか下がらず、どんどん傷んでいく。また、死の直後から胃の内容物の腐敗が始まる。腹腔内には嫌なにおいのするガスが溜まり、パンパンに膨れ上がる。もはや食肉にはならない。

これまでイノシシが死んでいたことは一度もないが、シカは何度か経験がある。毎日の見回りを怠ったわけではないが、シカは転倒すると思いのほかあっけなく死んでしまう。餌がパンパンに詰まった反芻動物特有の重たい胃が、ほかの臓器を圧迫してしまうようだ。

今回は、わなの設置場所を決めるときに、引っかかりそうな枝を考慮していなかった。僕のミスだ。シカに対して申し訳ない気持ちになりながら、リュックから折りたたみ式のスコップを取り出した。そのままにしておくわけにはいかない。埋めることにして、三十分ほどかかって穴を掘った。冬場であっても汗だくになる重労働だ。シカを引きずって穴に入れようと思ったとき、ふっと何か気配を感じた。あたりを見回すとちょっと離れた枯れたアカマツの枝に一羽のハシブトガラスがとまってじっとこっちを眺めていた。

「おまえ、もう自分の獲物を見つけたのか。あいかわらず抜け目ないなあ」

そんなことを呟きながら、シカを穴の中に放り込み、上から土や落ち葉をかぶせた。せっかく見つけたごちそうを埋められて、カラスはなんだかちょっと恨めしそうだった。

「悪いけど、ほっとくわけにもいかへんからなあ。かんべんしてくれ」

そう言ってその場を去った。

数日後、現場に戻ってみると、埋めたシカはキツネなどの小動物に掘り返され、一部が地上に露出し、毛皮は食い破られていた。近くを見回った後、もう一度そこに戻ってみるとあのカラスがちゃっかりと内臓をついばんでいた。

自然界の掃除屋

欧米に広く分布し、日本では北海道にのみ冬に渡ってくるワタリガラスには、オオカミなどの肉食獣や猟師について行動する習性があることが知られている。獲物の残りを狙っているのだ。森の中で動物の死骸などを食べる自然界の掃除屋で、スカベンジャーと呼ばれる。ライフルの銃声が森に響くと、ワタリガラスが寄ってくるという海外の調査結果もある。

僕は銃は使わないので、前述のハシブトガラスに追尾されていたなんてことはないと思うが、シカを獲り、埋めたことはしっかりチェックされていた。日本では彼らがスカベンジャーだ。今では都会で集団生活をしているイメージが強いが、もともとは森林性である。日本の状況はむしろ例外で、海外では主に郊外の森に生息している。英名も「Jungle Crow」だ。僕のシカに寄ってきていたカラスも、その日の夜にねぐらで自慢話でもしたのか、その後しばらくは仲間を引き連れてきて連日大騒ぎしてシカをあさっていた。何回かは埋め戻したが、夜はキツネたち、昼間はカラス軍団の共同作業で、一週間後にはきれいに骨と皮だけになっていた。カラスが動物の死骸を発見する能力はなかなかのもので、道路で轢かれたネコなどの小動物を保健所関係の人が連絡を受けて回収に行くと、先にカラスが持ち去っていて、黒い羽だけが残っていたなんていうこともよくあるそうだ。

そんなハシブトガラスが都市部へ進出したのは、市街地の密集した建物群を故郷の森林に見立ててうまく適応できたからだと言われている。森の中でも街でも、カラスにとっては人間の行動を観察することが餌の確保につながるわけである。

都市生活とカラス

「カラスのミートパイを東京名物として売り出したらどうか」という東京都の石原慎太郎元知事の発言は有名だが、二〇〇〇年代初頭の東京には三万七千羽のカラスがいたという。都民からもごみ集積所が荒らされる被害や糞害などの苦情が三千件以上寄せられていたそうだ。きっちりとごみ収集日を覚えているかのようなカラスの行動に手を焼いている人は東京以外でも多いだろう。また、繁殖期特有の人間に対する威嚇や攻撃もよく問題となる。巣に近づいた人の顔を覚えて執拗に攻撃を繰り返すこともあり、カラスの知能の高さがよく指摘される。

その後、東京都では、餌となる生ごみ対策と緊急捕獲の二本立てでの対策が始まった。近年では、大型の箱わなによる捕獲は毎年一万数千羽に上る。生息数はここ数年は二万羽以下で推移しておりピーク時からほぼ半減しているが、捕獲し続けないとまた簡単に増加してしまうだろう。東京にはまだそれだけのカラスが生息できる環境があるということだ。

都市部でのカラスの増加の原因は山林のシカなどと比べると分かりやすい。猛禽類などの天敵がいないこともあるが、何よりも餌の豊富さがその理由だ。ごみ集積所の残飯はもちろん、公園のハトや池のカモ、野良猫への餌やりもカラスへの餌の提供につながっている。

環境省が発行している「カラス対策マニュアル」によると、都市部でのカラスは一九八〇年代後半から著しく増加したそうだ。日本中がバブル景気に浮かれ、グルメブームも起きたその裏で、大量の残飯が発生した。都市が生み出す無駄の増加に比例してカラスの数も増えていったということだ。実際、戦後の食糧難の時代には、東京のカラスも少なかったという。

僕の暮らす京都市のデータだが、家庭から出る生ごみの実に二〇%以上が「手付かずの食品」で、それも含めた「食べ残し」は四〇%に近い。多くのごみ置き場にカラスたちがたむろしているのは僕の家の近所でも日常の風景だ。これではカラスに大量の餌を与えて繁殖させ、そのうえで殺し続けているようなものだ。「カラスを食べよう」などと言う前に食べないといけないものはたくさんあるのではないだろうか。

農村部のカラス

農村部のカラスによる被害も深刻だ。農林水産省が発表するここ数年のデータを見ても鳥類による農作物の被害額の半分近くがカラスによるものである。「ごんべいが種蒔きゃ烏がほじくる」などと民謡にも歌われるが、実情はそんなのんきなものではない。カラスによる農作物被害は、対象が多岐にわたっているのが特徴だ。穀類、豆類、イモ類、トウモロコシ、果樹はもちろん、養鶏場の卵やひなを狙ったり、家畜の子どもまで被害に遭う。放置された廃棄農産物も彼らの重要な餌となってしまっている。

農村部では開けた土地を好むハシボソガラスが多くみられる。ハシブトガラスに比べ、鳴き声のパターンは少ない。それゆえにハシブトの方が賢いと言われたりもするが、一般によく知られる知的行動の多くはハシボソによるものである。高いところからアスファルトの道路に貝を落として割って食べたり、殻の硬いクルミを車に轢かせてその中身を食べたりする。

以前、有害駆除で捕獲したハシボソガラスを譲り受けて飼っていたことがある。毎日餌をくれる僕にはすぐに慣れ、肩にも乗るようになった。当時は大学の学生寮に住んでいたが、相部屋で暮らしているほかの寮生にはやや警戒した様子を見せ、人間を区別できる頭のよさに感心した。黒い瞳で甘えるような仕草をするカラスは、じっくり見ると実は結構かわいい鳥である。

そんな賢いハシボソガラスなので、生半可な獣害対策ではうまくいかない。大型の捕獲おりでは経験の浅い若鳥しか捕獲できていないこともよくある。農地にテグスを張ってカラスが飛びにくくする対策もあるが、慣れられてしまうと効果が薄れる。銃による駆除も行われているが、その数はなかなか減らず、被害のひどい農村では対応に苦慮している。ちなみに、都市部にハシボソがいないかというとそうでもなく、僕の暮らす京都でもハシブトに混じって生ごみをあさっているのをよく見る。また、都市の中心に数千羽単位で生息している札幌のような例もある。

狩猟対象としてのカラス

日本にはいろんな種類のカラスがいるが、狩猟鳥に指定されているのはハシブトガラス、ハシボソガラス、ミヤマガラスの三種である。ミヤマガラスは冬にだけ日本に渡ってくるカラスで、かつては西日本、特に九州で見られる鳥だったが、最近では全国で観察されるようになった。網猟の師匠の宮本さんがスズメ猟で使役するために飼育しているカラスはミヤマガラスだ。ほかのカラスよりもサイズが小さくおとなしい性質なので扱いやすい。

カラスが狩猟鳥になっていると言っても、全国で行われているカラスの捕獲は、実際はほとんどが有害駆除目的だ。毎年十万羽以上が捕獲されている。地域によっては郷土料理にカラス料理があったり、食肉利用の研究に取り組んでいるところもあるが、そのほとんどは廃棄されている。僕も何度かカラス肉を食べてみたことがあるが、特に癖もなく普通に食べられる。ただ、見た目よりも肉の量は少なく、悪いイメージもあり、積極的に獲って食べようという人は少ないだろう。また、都市部のカラスは生ごみに含まれる様々な化学物質や病原菌を取り込んでしまっている問題もあり、食肉利用への課題は多い。

カラスは変わらない

「烏　なぜ啼くの　烏は山に　可愛七つの子があるからよ　可愛　可愛と　烏は啼くの　可愛可愛と　啼くんだよ　山の古巣に　いって見て御覧　丸い眼をした　いい子だよ」

野口雨情が作詞した童謡「七つの子」を知らない人はいないだろう。かつて人里で多く見られたのはハシボソガラスだ。この童謡でもモデルになっていると言われることが多い。ただ、ハシブトが澄んだ声で「カァー、カァー」と鳴くのに対し、ハシボソは濁った「ガァー、ガァー」であることから、歌詞のイメージに合うのはハシブトだという異論もある。「七つ」が何を指すかもしばしば議論になる。僕はずっと「ヒナが七羽いる」のだと思っていたが、自然界でカラスが育てるヒナはせいぜい四、五羽。カラスを擬人化して「七歳の子がいる」とする説もあるそうだ。

この歌が作られたのは一九二一年。この時代はカラスとの間にまだまだ牧歌的な雰囲気があったのだろう。野口に師事した中村雨紅《うこう》が童謡「夕焼け小焼け」で「烏と一緒に　帰りましょう」と書いたのもこの頃だ。現代の人間とカラスの関係からはとても想像できない。わずか百年足らずの間に、都市部でも農村部でも、カラスは完全に嫌われ者になってしまった。

大都会のコンクリートジャングルでは、カラスたちはごみを散らかす厄介者でしかない。しかし、彼らは自然界の掃除屋である自分たちの習性に忠実に従って、それを処理しているだけだ。ただ、ごみの中には彼らが対処できないプラスチックが混じり、アスファルトで固められた地面には、森のようにその後の分解を引き受ける昆虫たちや土壌中の微生物もいない。

裏山のサルの群れ

明治頃から終戦直後までのサルの生息域〔Ｐ１１６〕 環境省ホームページ内「ニホンザル特定鳥獣保護管理計画技術マニュアル」によれば、「ニホンザルの分布域は、20世紀に入ってから急速に縮小し、１９５０年代にもっとも減少した」とあり、「20世紀前半の主な減少要因は、保全などを考慮せずに行われた大規模な捕獲だと考えられる」としている

比叡山のサルの餌付け〔Ｐ１１６〕 間直之助『サルになった男』（雷鳥社）では、比叡山のサルの調査や実際の餌付けがどのように行われたかが詳述されている

大津E群〔Ｐ１１６〕「一部捕獲じゃ、サル被害減らぬ　来年2月から群れ一掃へ　大津市、年内にも許可申請」（「朝日新聞」二〇〇七年十一月二十七日）。滋賀県は鳥獣被害対策に積極的に取り組むため、二〇一二年四月に鳥獣対策室を設置した。副知事を鳥獣被害対策本部長とし各部局間の連携強化が図られている。ニホンザルのほか、ニホンジカ、イノシシ、カワウの捕獲の強化を図っている。滋賀県ホームページ内で活動内容が見られる

日吉大社の神猿〔Ｐ１１７〕「方除・厄除の大社を語る上で欠かせないのが、当大社の神様のお使いである、「神猿（まさる）」さんです。元来、比叡山に猿が多く生息しておりましたが、いつの頃からか魔除けの象徴として大切に扱われるようになりました。「まさる」は「魔が去る」「勝る」に通じるようにつけられた名前であり、縁起のよいお猿さんです」（日吉大社ホームページ）

保健所の整備で野良犬減少〔Ｐ１１８〕 環境省自然環境局総務課動物愛護管理室の提供するデータによれば、ここ三十年で引取り数は二十分の一になっている

モンキードッグ〔Ｐ１１８〕「犬よ、農作物猿害を防げ　犬猿の仲利用〝番犬〟育成へ　京都市、10月以降投入」（「京都新聞」二〇一〇年七月二十六日）。吉田洋『モンキードッグ　猿害を防ぐ犬の飼い方・使い方』（農山漁村文化協会）には、すでに飼っている犬をモンキードッグとして訓練する方法なども詳述されている

かじってはポイッ〔Ｐ１２２〕 辻大和「シカの「落ち穂拾い」　フィールドノートの記録から」（光村図書出版平成24年度版中学校「国語」）では、宮城県の金華山で、サルの落とした葉や花を奪い合うようにして食べるシカについて記されている。サルの重みでたわんだ枝に食いつき、普段は届かないところにある葉を食べているシカまで観察されている

毒に対する警戒〔Ｐ１２２〕「「食べられる？」自ら検査　サル毒キノコを回避　京大霊長研　においと味で識別」（「中日新聞」二〇一二年七月六日）によれば、野生のニホンザルはキノコを食べる際、においをかいだり、かじってすぐに吐き出したりなど「検査行動」をとるという

民間薬としてのサル肉〔Ｐ１２４〕 村上光太郎『よく効く民間薬１００』（マキノ出版）では、「キング・オブ・民間薬」として冒頭で紹介されている

有害捕獲したニホンザルを実験動物用に転売した業者〔Ｐ１２４〕 環境省ホームページ内「平成13年1月31日　報道発表資料」によれば、岐阜県の業者が八十三頭、熊本

県の業者が百十八頭のニホンザルを飼育していた。日本霊長類学会はホームページ上で「野生由来のニホンザル実験使用問題に対する見解」を公表している

クマとの出会い

本州以南のツキノワグマ〔P126〕 日本のツキノワグマは遺伝的に東日本グループ、西日本グループ、南日本グループの三つに大きく分けられている。南日本グループに属する四国の個体群は、現在、多くても数十頭から十数頭と推測されており、絶滅の危険性が高いと言われている。四国森林管理局ホームページ内「四国の保護林と緑の回廊」で紹介されている「取組事例」の「ツキノワグマ調査」に詳しい。また、国立研究開発法人森林総合研究所によると、九州で最後に捕獲されたツキノワグマ（一九八七年）は本州由来で、それ以外は五十年以上確認されておらず、九州の個体群は絶滅したと考えられている

ニホンミツバチとセイヨウミツバチ〔P127・128〕 野生種であるニホンミツバチに対して、セイヨウミツバチは養蜂のために人間が品種改良を続けて作出した種。集蜜能力ではセイヨウミツバチに圧倒的に分がある。ただ、日本でずっと暮らしてきたニホンミツバチがオオスズメバチやヘギイタダニなどへの対抗手段を持っているのに対し、海外由来のセイヨウミツバチは人間がしっかり世話しないと蜂群を維持できない。ニホンミツバチは巣箱の設置場所が気に入らないとしばしば群れごと逃去する。菅原道夫『比較ミツバチ学　ニホンミツバチとセイヨウミツバチ』（東海大学出版部）に詳しい

分蜂群の捕獲用の待ち箱〔P129〕 スギなどの大きい丸太をチェーンソーを利用してくりぬいて作るのが一般的。飯田辰彦『月刊たくさんのふしぎ第283号　ニホンミツバチと暮らす』（福音館書店）には、写真とともに作り方が紹介されている

生態改変者としてのクマと樹洞〔P131・133〕 宮崎学『となりのツキノワグマ』（新樹社）に熊剝ぎと樹洞作りについての記述がある

クマの大量出没年〔P134〕 野生鳥獣の保護及び管理ホームページでは、野生動物とのかかわり方についてのパンフレットをダウンロードすることができる。「ツキノワグマ出没予測マニュアル」によれば、二〇〇四年と〇六年にも大量出没が起きたとされている

オシ（もしくはオソ）〔P134〕 田口洋美『越後三面山人記　マタギの自然観に習う』（農山漁村文化協会）には、オソだけでなく、ダムに沈んだ三面集落での狩猟や山菜採りについて幅広く記してある

アマッポ〔P135〕 砂沢クラ『クスクップ　オルシペ　私の一代の話』（北海道新聞社）には、自身の叔父がアマッポの誤射で亡くなった逸話が紹介されている。毒矢が人間を避ける仕組みがあってもやはり事故はあったようだ

クマの放獣〔P136〕 長野県が作成した「ツキノワグマ第三期特定計画」の付属資料には、「ツキノワグマ許可捕獲　放獣・捕殺別頭数」や「移動放獣の学習効果」、「放獣作業の手順」など、詳細なデータや手順が掲載されている

クマへの餌付け〔P137〕「ヒグマへの餌やりダメ　北海道方針　違反者は氏名公

表も」（「日本経済新聞」二〇一四年十月二十七日）。野生鳥獣の保護及び管理ホームページ内「野生動物への餌付け」にも詳しい

クマがかわいそう〔P137〕　高槻成紀『動物を守りたい君へ』（岩波書店）には、「野生動物を守る」ことについて生態学の立場からわかりやすく解説されている。日本獣医師会ホームページ内「ピックアップ　野生動物対策」にある「保全医学の観点を踏まえた野生動物対策の在り方（中間報告）（平成23年10月）」も参考になる。「野生動物においては、希少種など個体レベルでの存続の必要性がある場合を除き、死や負傷は避けるべき現象ではなく、むしろ尊厳あるものとして認識し直す必要がある。生態系においては個体の生命そのものの重要度は低く、むしろ「生まれて、そして死んでいくという生命の営みやプロセスが永続すること」こそが自然の仕組みや豊かな自然の基盤として尊重されるべきなのである」などの記載があり、個別の野生動物を助けることと生態系の中の種や地域個体群としての野生動物を守ることとの違いについて説明されている

ドングリの豊凶〔P137〕「ナラ類がしばしば豊凶を持つことについて、それによりドングリの敵でもあり味方でもあるネズミの密度を調整し、自らの更新を有利に導いているという興味深い説があります。この話も、最近では一般的に知られるようになりましたが、ミズナラは凶作年に餌を減らすことで、ネズミの密度を低くしておき、そこにある年に突然大量のドングリを播いて、食い尽くされないようにするというものです」（国立森林総合研究所　関西支所ホームページ内「研究情報 No.69（Aug 2003）　ドングリ山の宿題」）

人間活動がクマの生態を変化させる〔P138〕「ヒグマ実は草食系　京大調査　明治以降、肉食から変化　開発が影響か」（「京都新聞」二〇一五年四月十五日）によれば、明治以降の開発と乱獲によるエゾシカの激減や、ダムによってサケの遡上が妨げられたことにより、本来肉食が中心だったヒグマの食性が植物食に大きく変化したという。エゾシカなどの陸上動物の利用は、道東地域で六四％から八％、道南地域でも五六％から五％へと大きく減っている。エゾオオカミが絶滅する前は彼らが獲ったエゾシカを横取りしていたことも多かったらしい。現在は、山中に多数のシカが転がっていて、ヒグマが再び食性を肉食にシフトさせるのに十分な条件が整ってきているように僕には思える

忘れられたキツネ

赤玉鶏〔P139〕　褐色の卵を産むニワトリの総称。僕が飼っているのは岐阜県の後藤孵卵場の「もみじ」という国産鶏品種

ニワトリの飼育〔P139〕　中島正『自然卵養鶏法』（農山漁村文化協会）は自然養鶏家のバイブルと言われるほど有名だが、自家用養鶏にも詳しく、参考になる

キツネの足跡〔P142〕　足跡で動物の種類を判別するときは、足跡単体の形状だけでなく、その歩き方も参考になる。キツネの足跡は、ほぼ一直線に並び、ジグザグになるタヌキなどと区別できる。野生動物の足跡を観察するのは雪上が適している。熊谷さとし著／安田守写真『哺乳類のフィールドサイン観察ガイド』（文一総合出版）

は、様々な動物の足跡や糞などの写真が多数掲載されていて分かりやすい

トラバサミ〔P143〕　狩猟では全面的に禁止されているが、ゴムなどの衝撃緩衝装置を取り付けることで有害駆除では使用することができる

エキノコックス症〔P144〕「本州で感染拡大の兆候　エキノコックス　肝障害の危険　北海道から犬が運ぶ?」（「日本経済新聞」二〇一四年五月二十九日）。北海道立衛生研究所ホームページ内「エキノコックス症について」によれば、道内では年間平均十五名ほどの患者が見つかっている

スズメを見つめる

ツバメは益鳥〔P148〕　農家にとっては益鳥でも、巣箱の上空に集まってミツバチを捕食するので、養蜂家にとっては「害鳥」でもある

スズメの減少〔P148〕　三上修『スズメの謎　身近な野鳥が減っている!?』（誠文堂新光社）では、有害駆除羽数および狩猟羽数の推移、鳥類標識データなどの比較に加え、著者自身の巣数調査の結果などからスズメの減少について分析している

焼き鳥といえば畜肉の臓物〔P150〕　中島久恵『モノになる動物のからだ　骨・血・筋・臓器の利用史』（批評社）によれば、明治から昭和に至る時期に何度か起きた焼き鳥ブームでも、食鳥の正肉、内臓のほか、家畜の内臓も用いられたという

野鳥を食べる文化とかすみ網〔P151・153〕　今井友樹『長編ドキュメンタリー　鳥の道を越えて』（はる書房）では、東濃地方を中心に伝えられてきたかすみ網猟とその食文化が紹介されている。『狩猟読本』によると「かすみ網とは、はり網の一種である。一般に暗色系統の細い繊維でできており、少し離れてみた時、薄く霞がかかったように見える。このため、鳥類がかかったように見える。このため、鳥類が網があることがわからずにひっかかって捕獲されるように作られている」とある

密猟の横行〔P153〕　中西悟堂『鳥を語る』（春秋社）に収録されている「狩猟法に思う」（一九六一年）という文章の中で「警官すらも霞網場へ酒を携行して鳥を食らい、酒をくらっている地方もある」と当時の密猟の様子が紹介されている

宮本さんのスズメ猟〔P154〕　大日本猟友会が運営するホームページ「教えて！狩猟の達人　目指せ！狩りガール」では、日本各地のベテラン猟師たちが紹介されている。「Vol.6 日本の伝統的狩猟法、網猟を守る。京都編」では、宮本さんの実際の猟の様子の動画も公開されている

「ヒラ」と「マクリ」の違い〔P154〕　ヒラは網を広げた状態で設置する。獲っては網を元に戻すを繰り返すので、構造が単純な方が扱いやすい。ただし、獲物に目立ってしまうデメリットもある。マクリは網を細くまとめて稲ワラなどで隠す。網の範囲に降りた鳥に警戒されず、大量捕獲ができるようになる。ヒラは網がひらいている形から、マクリはまとめられた網がまくり上げられ広がることがその名の由来。なお、同じタイプの網でも地方により呼び名は様々で、『狩猟読本』では無双網は「穂打ち」「片むそう」「双むそう」「袖むそう」の四つに分類されている

茶の木畑を隠れ家に〔P156〕「稲雀茶の木畠や逃げ処」という松尾芭蕉が詠んだ俳句がある。昔から水田にやってくるスズ

メの隠れ家は茶の木畑と相場が決まっていたようだ。ちなみに、「稲雀」は秋の季語

カラスは変わらない

死んだシカを埋める〔P160〕 鳥獣保護法施行規則に「地形、地質、積雪その他の捕獲等又は採取等をした者の責めに帰すことができない要因により、捕獲等をした鳥獣又は採取等をした鳥類の卵を持ち帰ることが困難で、かつ、これらを生態系に大きな影響を与えない方法で埋めることが困難であると認められる場合」を除き、捕獲した鳥獣を放置してはならないとある

ワタリガラスについての調査〔P161〕
Crow White "HUNTERS RING DINNER BELL FOR RAVENS: EXPERIMENTAL EVIDENCE OF A UNIQUE FORAGING STRATEGY", Ecology 86(4), April 2005

東京都のカラス対策〔P163〕 東京都環境局ホームページ内「自然環境」に「野生動植物の保護等」のページがあり、シカ、アライグマ、ハクビシンなどとともにカラス対策も紹介されている。「カラス対策プロジェクトチーム報告書」も見られる

カラス対策マニュアル〔P163〕 野生鳥獣の保護及び管理ホームページ内パンフレット「自治体担当者のためのカラス対策マニュアル」

京都市の生ごみに関するデータ〔P163〕
京都生ごみスッキリ情報館ホームページ内「京都市の生ごみデータ」

カラスの食肉利用〔P166〕「知りたい!:カラス農業被害深刻　美味で役立つカァ　長野でフランス料理に」(「毎日新聞」二〇一一年十一月十二日)

僕の周りの狩猟鳥獣・後篇

【カモ】

冬季に大群で日本列島に飛来するカモは、古来狩猟の対象だった。それゆえ銃猟以外にも様々な捕獲方法が伝わっている。干拓される前の巨椋《おぐら》池（京都府）や琵琶湖（滋賀県）などでは、とりもちをつけた縄を流して遊泳しているカモを捕獲するもちなわ猟（現在は禁止）も盛んに行われていた。坂網などと呼ばれるなげ網や谷切《やつきり》網と呼ばれるはり網など、山を越えるときや池への飛来時に低く飛ぶ習性のあるカモを狙

った伝統的な捕獲法が各地で継承されている。

僕が所属する猟友会では無双網を使っている。水田などに落ち穂を狙ってやってくるカモを捕獲する方法だ。百羽を超える群れがまとめて入ったときなどは、かぶせた網がフワッと浮き上がり、そのまま飛んでいってしまうのではないかと思うことさえある。捕まえようとして縄をかけたカモに引っ張られて空に舞い上がってしまう「かもとりごんべい」を彷彿とさせる光景だ。そんな昔話の時代からずっと猟師はカモを獲ってきた。

ちなみに、銃によるカモの捕獲は一人一日五羽までと決められているが、網猟の場合は一猟期で一人二百羽までだ。

『狩猟読本』には、こんな料理法が紹介されている。「お狩場焼き／宮内庁御猟場料理として有名である。炭火の上に鍛冶打ち出しの厚鉄板を乗せ、カモ肉をねぎと一緒に白焼きにし、大根オロシ醤油で食べる。焼き過ぎないように食べるのがコツであり、カモの持ち味を最高に生かした食べ方である」。庶民的な料理がいろいろと紹介される中で異色だ。僕も初めてのカモ料理はせっかくなのでこれにした。築百年近い貧乏学生寮の中庭で、いつから使い続けられているとも知れない厚鉄板での炭火焼きだったが、確かにおいしかったのを覚えている。

カモ類は現在十一種が狩猟鳥に指定されている。陸ガモと海ガモに大きく分けられ、狩猟鳥の海ガモはホシハジロ、キンクロハジロ、スズガモ、クロガモの四種だ。海ガモは動物食が中心のため、肉の食味にやや癖があるとされ、植物食の陸ガモの方が、狩猟対象としては人気が高い。

陸ガモの中でも生息数の少ないハシビロガモとヨシガモは、多くの都道府県で狩猟自粛対象になっており、現代の日本で中心的に狩猟されるカモ類は、マガモ、カルガモ、オナガガモ、ヒドリガモ、コガモの五種だと言っても問題ないだろう。

マガモは体形も大きく、外見の美しさもあり最も人気のあるカモだ。オスは緑色の頭部が特徴的で、メスはほかのカモ類と同様に全体的に褐色の地味な色調である。通称アオクビと呼ばれる。

カルガモはマガモと並んで大型のカモで雌雄同色。多くのカモ類が冬季に日本列島に飛来する冬鳥であるのに対し、カルガモは日本で繁殖する数少ないカモである。東京大手町の三井物産本社ビルの人工池から皇居のお堀への親子での引っ越しがニュースなどで取り上げられ一躍有名になったのも、日本で子育てをするカルガモゆえのことである。

オナガガモとヒドリガモは中型のカモで、足の色が黒いため、猟師の間ではまとめて「黒足」と呼ばれることもある。対して、足がオレンジ色のマガモとカルガモは「赤足」。ヒドリガモは緑草を好み、河川敷などで雑草をついばんでいる姿もよく見かける。

コガモは日本に生息するカモ類の中では最も小型だ。同じくらいの大きさのカモに非狩猟鳥のトモエガモがおり、外見で判別しにくいメスは注意が必要である。

あまり知られていないが、カモ類は稲や野菜、麦の新芽、養殖ノリなどを食害することがあり、地域によっては有害駆除も行われている。

【キジ】

山間部の牧場で馬を飼っている知り合いから「馬糞捨て場に毎朝キジがたくさん出てくるんだけど、なんとか獲れないか」と相談を受けたことがある。そのときは夏で禁猟期間だったが、とりあえず様子を見ようと前日から泊まり込んだ。

翌朝、現場に着くと確かに五、六羽のキジが、広場のそこここに積み上げられた馬糞をせっせとついばんでいる。昆虫やミミズを掘り出して食べているようだ。今はばらばらだが、

まき餌をして一カ所に集めれば無双網で捕獲できそうなシチュエーションだ。

「これやったら、いけると思うわ。猟期になったら餌付けして一網打尽にしよう」

そう言ってから、僕は近くにあった棒を手に静かにキジに近づいた。ある程度の距離になるとキジも気づき、テクテクと奥へと移動する。僕がさらに距離を詰めると、それに合わせてトコトコと逃げる。全然飛ばない。最後は僕がダッシュで近づくと、キジは大慌てで駆けだして、しっかり助走をつけてから飛んで山の方へ逃げていった。これは実は典型的なキジの動き方で、飛ぶのはかなり苦手なのだ。そんなキジの行動を観察したくてついつい意地悪をしてしまった。

キジは日本の国鳥とされているが、狩猟鳥でもある。山登りをする人たちの間では、野糞をすることを「キジ撃ちに行く」と表現するが、それは銃でキジを狙う姿勢によく似ているからだとも言う。キジは古くから狩猟の対象として人気があり、狩猟鳥増産のための猟友会による放鳥事業も各地で行われている。北海道や対馬などのキジがいなかった地域にも、かつて亜種のコウライキジが放たれて、現在野生化している。沖縄の石垣島では、生息数を増やしたコウライキジによるパイナップルや紅イモなどへの農作物被害が近年問題になっているそうだ。

なお、キジ猟をする場合、テープレコーダーなどで鳴き声を聞かせたり、キジ笛を使って誘引する行為は乱獲につながるとして禁止猟法とされている。ヤマドリ猟も同様だ。

ちなみに、牧場のキジはどうなったかというと、猟期前に牧場が経営上の理由で閉鎖されてしまい、無双網での捕獲作戦は残念ながら計画倒れに終わってしまった。

【ハト】

一般的にハトと言うと、多くの人は公園や寺社にたむろしているドバトを思い浮かべるのではないだろうか。観光地ではハトの餌も売られており、人に慣れて寄ってくる姿はなかなか愛嬌がある。白い鳩は「平和の象徴」などと親しまれている。手品で使われる白い鳩は通称ギンバトと呼ばれるジュズカケバトの白変種だが、そこら辺で見かける白い鳩はほとんどがただの白いドバトだ。僕の暮らす京都の三宅八幡宮では、ハトは神様の使いだとされ、鳥居の前には狛犬ならぬ狛鳩が置かれている。八幡さんの神《しん》鳩《ぱと》も白かったというから、ドバトだったんだろうか。ハトと人間の深いかかわりの歴史を感じさせられる。

しかし、実はドバトはもともとヨーロッパや中央アジアに生息していたカワラバトという種類のハトが日本に持ち込まれたものだ。つまり外来種である。ただ、日本に入ってきたのは、大和・飛鳥時代の頃と言うからその歴史は古い。「塔鳩」や「堂鳩」と呼ばれていたのが転じて「土鳩」になったと言われている。ペットとして飼育されたり、食肉にされただけでなく、優秀な帰巣本能を利用したレース鳩や伝書鳩としても使用された。有名なのは軍用鳩で、ほかには報道機関の通信にも利用され、それぞれの目的に合わせて品種改良も行われてきた。それらが野生化したのが現在のドバトである。

ドバトは非狩猟鳥で、狩猟の世界でハトというとキジバトを指す。ヤマバトとも呼ばれるが、山間部だけでなく市街地でもよく見られる。ドバトと違い大きな群れを作らず、つがいでいる様子がよく観察される。羽のウロコ模様と首筋の白黒のストライプが特徴的な美しい鳥だ。「デデッポッポー」と聞きなしされるその鳴き声を聞いたことのある人は多いだろう。

数の多いドバトがなぜ狩猟対象にならないのかというと、伝書鳩などが誤射されてしまう危険があるからだとされている。ただ、マンションのベランダや文化財への糞害も問題になっており、一部で有害駆除も行われている。また、クリプトコッカス症など、ドバトの糞で繁殖する菌類が媒介する感染症も知られており、都市部の自治体では餌やりを制限しようという動きも見られる。

【ヒヨドリ】

ヒヨドリというと、市街地で南天の実をつついたり、梅の花の蜜を吸ったり、かわいらしい印象があるかもしれない。しかし実は農家にとっては農作物に集団で加害する厄介な鳥でもある。秋になるとヒヨドリは日本列島を南下し、何百羽もの群れをなし、キャベツやホウレンソウ、ブロッコリーなどの畑を餌場にする。網猟の師匠・宮本さんと一緒に、ヒヨドリが群れているると聞いたポイントに行ってみると、植えられたキャベツのほとんどをつつかれ、悲惨な状態を目にすることもある。農家の方に「葉っぱの間にようけ糞までしよるから、もう売りもんにならんわ。兄ちゃんらいるんやったらなんぼでも持ってかえってや」と言われ、キャベツをたくさんいただくこともあった。

ミカンをはじめとした果樹も大好物だ。農作物被害のひどさから、一九九四年に狩猟鳥に指定された。南下してくる数が多い年と少ない年があり、だいたい交互に訪れている印象がある。

ヒヨドリの被害は冬野菜の育つ猟期の終盤に集中する。ある年の猟期最終日、宮本さんと

一緒に猟に出た。猟の最後は、いつも宮本さんとの鳥猟で終えるのが恒例だ。軽トラックに道具一式を積み込み、猟場をいくつか見て回ったが、その日はスズメが少なく、ヒヨドリを狙うことになった。ここ数日ヒヨドリがたむろしていると宮本さんが言うエリアのホウレンソウ畑を見に行くと、何百羽も集団で降りて無残に食い散らかされている。「もうお手上げやわ」とそばで作業をしていた農家の方がなげいていた。宮本さんが畑で猟をしていいか確認すると、「そらあ、大歓迎や。こっちからお願いしたいくらいや。ここ一週間くらいで急に来よったんや。もう諦めてんねんけどな」とのこと。

畑のヒヨドリをいったん追い払い、細長くまとめた網を畝の間にしかける。網のしかけ方はスズメやカモの無双網猟と基本は同じだ。ホウレンソウの傷み具合から、ヒヨドリが一番多く集まっていた場所に当たりをつけた。網を張り終えたらワイヤーを延ばし、離れた場所で様子を見る。逃げたヒヨドリはしばらくは遠くの藪に隠れてじっとしている。

「いっぺん食べた野菜の味は忘れへんさかいな。ゆうてる間にまた狙いに来よるわ。見とってみい、ここやったらまずあそこの木に出てくるはずや」

しばらく待つと、ヒヨドリたちは宮本さんが言う通り、徐々に見晴らしのよい木にとまり始めた。そして、ちょっとずつ畑側の枝に集まって様子をうかがっている。その後、一羽、二羽と勇気ある先遣隊が畑に舞い降りると、その後は一気に数十羽ずつ堰を切ったように後に続く。

「見ててえぇでっか？」

農家の方が缶コーヒーを持ってきてくれた。小学生の息子さんも連れてきて「この人らがわしらの野菜食いよる鳥をやっつけてくれるからな」と言って、固唾を呑んで見つめている。そんなに注目されると、網を引く手にもついつい力が入ってしまう。

群れの八割ほどが畑に降りたところで、一気にワイヤーを引いた。無双網を反転させるのには力がいるので、全身で後ろに倒れこむようにして引っ張る。

「よっしゃ、そこそこ入ったな」という宮本さんの声を聞き、僕も起き上がって網のところへ向かう。

その日は百五十羽ほどの猟果だった。農家の方がうれしそうに「すごいもんやねぇ。また来てや」と声をかけてきた。「それが猟期がちょうど今日で終わりですねん。もうちょいはよ知らせてくれたら来れたんやけどなあ。また有害駆除の許可が降りたら来ますわ」と宮本さんも残念そうだった。

【ムクドリ】

ムクドリは、一九九四年にヒヨドリとともに狩猟鳥に指定された。昆虫食の傾向が強く、長らくツバメとともに田畑の益鳥とみなされてきた。実際、緑地の除草作業をしていると、真っ先に寄ってくるのがムクドリだ。刈った草の中から飛び出したバッタやカマキリを大喜びで食べながら、草刈機を操作する僕の後ろについてくる姿はなんとも微笑ましい。

しかし、ムクドリは果樹を食害することがあり、農作物被害もかなりの額になっている。ただし、果樹に付く害虫も多数捕食しているので、そのプラス面も考慮したうえで本来は評価するべきだろう。実際に、農作物を食害するとして野鳥を大量捕獲したところ、害虫が大発生し収量が激減したという事例はこれまで世界各地で記録されて

いる。

ムクドリも無双網で捕獲できるが、スズメやヒヨドリと比べ、味の面でやや劣るため、積極的に捕獲することは少ない。空気銃で鳥猟をする人たちにもあまり人気はないようだ。

近年、都市部の駅前の街路樹などに多数のムクドリが集まってくるのが問題になっている。繁殖期を除く夏から冬にかけて、「集団ねぐら」を形成する性質があり、数千羽から多いところでは数万羽にもなる。それだけの数のムクドリの鳴き声による騒音や糞害はすさまじい。都市部にねぐらを移す傾向にあるのは、都市の方が天敵に狙われにくいことや、かつてねぐらにしていた郊外の竹林や河畔林の減少などが理由とされる。

各地の自治体ではあの手この手でムクドリを追い払おうとしているが、なかなか抜本的な解決策がない。一カ所でうまくいったとしても、別の場所にねぐらを移したり、分散して被害が拡大する可能性もある。

それならばごっそり駆除してしまえばいいかというと、生態系への影響を考えると慎重になった方がいいだろう。たくさんのムクドリがいるということは、それだけの餌が周辺に存在しているということだ。いざ、ムクドリを駆除してみたら、街中で毛虫が大発生！　なんて事態にならないとも限らない。

【カワウ】

京都の夏の夜の風物詩の一つに鵜飼いがある。魚を丸のみにして食べる鵜の特性をうまく利用した漁法で、よく考えついたものだと感心する。宇治川と嵐山で行われており、かがり火のもと、鵜匠が巧みに操る六羽の鵜がアユを獲る様子は幻想的だ。

京都では平安時代から行われていた記録があり、一時期中断していたものの歴史は古い。他府県でも長良川や木曽川など全国十二カ所で行われている。なお、鵜飼いで使われているのは、実は狩猟鳥のカワウではなく許可をとって捕獲された野生のウミウ。こちらは非狩猟鳥だ。川で使うんだから、と誤解されていることも多いが、カワウより大きいウミウのほうが深く潜れ、魚もたくさん食べるので、鵜飼いに向いているそうだ。ただ、カワウで鵜飼いができないわけではなく、中国ではカワウによる鵜飼いが現在も行われている。

カワウはウミウよりは小さいと言っても、一日あたり約五〇〇グラムの魚を食べる。これは一カ月で一五キロもの魚を一羽で食べている計算になる。この旺盛な食欲が今、全国各地で問題になっている。河川・湖沼における漁業への被害は推定で七十億円を超えるとも言われる。これをうけて、二〇〇七年、カワウが新たに狩猟鳥に指定された。一時期カワウは生息環境の悪化や河川の水質汚染などで急激に数を減らし、七〇年代には全国で三千羽ほどにまで減少していた。そんな野鳥が短期間で生息数を増やし、狩猟対象にまでなるのはほかに類を見ない。八〇年代以降、上下水道の整備などで河川の水質は改善された。また、全国的に進められたコンクリートによる護岸工事や堰堤の設置が魚類の隠れ場を奪い、結果としてカワウの採餌に適した環境を作り出したこともその一因とされる。

養殖漁業への被害も深刻で、その代表格はアユだ。放流したアユを食べてしまうカワウは釣り人にも嫌われている。僕は禁猟期の夏場は宮本さんたちと近くの河川にアユの網漁に出かけることが多いが、網を入れるポイントを決める際にカワウの存在は一つの目安になる。カワウが群れているということは、そこに餌となるアユがたくさんいるということだ。

カワウは集団で営巣する習性があり、そこはコロニーと呼ばれる。大きなところでは数万羽が集まる。かつてはこの習性を利用して、一度に大量に集まる鳥糞を畑の肥料として採取していた地域

が全国にあった。現在では、カワウによる巣材収集のための枝折りや大量の糞によって、樹木が枯死するなどの植生被害が各地で深刻な問題となっている。

カワウの増加が問題となり始めた九〇年代以降、様々な対策が行われてきたがなかなかうまくいかなかった。そんな中、滋賀県が二〇〇九年から専門家によるエアライフルを使った個体数調整を導入した。これまでの散弾銃による駆除には、銃声に驚いてカワウの群れが飛んで逃げてしまうという問題があったが、発砲音の小さいエアライフルを使うことでこの問題をクリアした。琵琶湖に浮かぶ竹生島《ちくぶ》には最大時四万羽を数えた巨大コロニーがあったが、その個体数を一万羽にまで抑え込んだ。ただ、巨大コロニーを追われたカワウが新たなコロニーを形成して分散化してしまう問題や銃器を使えない市街地周辺での対応など、カワウ対策はまだまだ難題が山積している。

人間の環境改変に翻弄され、カワウはその個体数を変化させてきた。稚アユを河川に放流する養殖業の拡大が、天然魚より捕食しやすい豊富な餌を提供してしまっているという指摘もある。一方的にカワウを悪者扱いして駆除を続けるのではなく、長期的にはその生息域である河川・湖沼環境全体を見直していく必要があるのではないだろうか。

カワウのように生息数が増加し、新たに狩猟鳥獣に指定される鳥もいれば、激減している鳥もいる。環境省はこれまで狩猟鳥獣に指定されていたウズラを一転して希少鳥獣に指定し、二〇一三年度の猟期より非狩猟鳥獣とした。〇七年度より暫定的に狩猟は禁止されていたものの、生息数の回復が見られなかったことを受けての決定である。

【ウズラ】

ウズラは、かつてはどこででも見られる鳥で、「猟はウズラ撃ちにはじまってウズラ撃ちに終わる」と言われたほどメジャーな狩猟鳥だった。それが年々減少し、一九八〇年前後には四万羽ほどに落ち込み、捕獲が禁止される前年の二〇〇六年度にはなんとたったの五百羽という状況だった。生息数が激減した原因は、生息環境の悪化や乱獲、卵を捕食する動物の増加など、様々な要素が組み合わさっていると考えられている。僕も林や河川敷、農耕地などウズラが生息していそうな場所は、一年を通して人よりかなり頻繁

にウロウロしていると思うが、一度も出会ったことはない。

ウズラというと、成鳥の姿よりも、八宝菜や串揚げなどで使われる卵の方がなじみのある人がほとんどではないだろうか。関西や中部地方の人なら、ざるそばに添えられた独特の模様を持つ小さな卵を思い浮かべる人も多いだろう。あれは家禽化したウズラを飼育して採卵したものだ。野生のウズラの産卵数が年間十個程度なのに対し、飼育個体は年間二百個以上産むように品種改良されている。

卵と比べると食肉利用は規模が小さく、ペットの猛禽類や爬虫類の餌として一部は利用されている。また、卵を産まないオスは雛の段階で選別され、処分される。ウズラは江戸時代に武士の間で鳴き声の美しさを競う「鳴き合わせ」のための愛玩飼育が流行したこともあるが、本格的な採卵用の飼育・品種改良が始まったのは明治以降で、現在の飼育数は六百万羽だ。自然界で絶滅が危惧される鳥が、人間の飼育下にこれだけ大量にいるというのはなんとも奇妙な状況である。

ウズラとよく間違われる鳥にコジュケイがいる。ウズラと同じキジ科の鳥で狩猟目的に中国から移入され放鳥されたのが野生化した。コジュケイは狩猟鳥だが、こちらも近年生息数が減少していると言われている。

カモ

坂網〔P174〕「坂網猟を児童ら体験」（「朝日新聞」二〇一三年十月十八日）によれば、石川県加賀市は「後継者育成」を狙い、昨年に続いて体験教室を開いたとある

『狩猟読本』で紹介される料理〔P175〕お狩場焼き以外にもキジ飯、コジュケイの雑煮、バンの吸物、シギ酒など、野鳥料理が多いが、シカ、イノシシ、クマ、ウサギの料理法も載っている

陸ガモと海ガモ〔P175〕『狩猟読本』には、陸ガモは「一気に高角度で飛び立つ」のに対し、海ガモは「水面を蹴りながら滑走して飛び立つ」などと、両者の違いが解説されている

ハシビロガモとヨシガモの狩猟自粛〔P176〕環境省が毎年行っている「ガンカモ類の生息調査」では、この二種と海ガモのクロガモを加えた三種は、観察数が例年二万羽以下で生息数が少ないと判断されている。そのため、狩猟鳥でありながら、狩猟の自粛を依頼する通達が環境省より出されている

キジ

キジ撃ちに行く〔P178〕女性の場合は「花摘みに行く」という隠語がある

猟友会の放鳥事業〔P178〕「県内4カ所でキジ200羽放鳥　県職員、猟友会員ら」（「佐賀新聞」二〇一四年十一月三日）

コウライキジによる農作物被害〔P178〕「キジ生息、市全体に拡大　捕獲追いつかず、農作物被害増」（「八重山毎日新聞」二〇一三年四月十六日）、「クジャクなど1749羽駆除　県猟友会八重山地区本年度の委託事業を終了」（「八重山毎日新聞」二〇一四年三月十七日）によれば、石垣島ではコウライキジだけでなく、インドクジャクも野生化して問題となっている

ハト

三宅八幡宮の神鳩〔P179〕「宇佐八幡宮から石清水八幡宮へ八幡神を勧請した際に、白い鳩が道案内をしたと伝えられ、以来、八幡宮の「鳩」は「神様の使い」として大切にされてきたという言い伝えがあります」（三宅八幡宮ホームページ）

ドバト（カワラバト）の歴史〔P180〕「国内の放生会は、敏達天皇（572年即位）にはじまるといわれ、これは仏教の殺生戒に由来し、魚・鳥等を野に放すことである。この放生会で最も有名なのが、石清水八幡宮であり、円融天皇（969年即位）のときにはじまっている。このときに、「ドバト」も使用されていた可能性がある」（公益財団法人山階鳥類研究所ホームページ内「ドバト害防除に関する基礎的研究」）

軍用鳩〔P180〕「伝書鳩――軍用・報道、貴重な情報運ぶ（野のしらべ）」（「日本経済新聞」二〇一五年四月十八日）

ヒヨドリ

ヒヨドリの南下〔P181〕渡島半島（北海道）や渥美半島の伊良湖岬（愛知県）などでは、数百羽から多いときは千羽を超えるヒヨドリが集団で海を越えていく様子が観察できる。また、それを狙って猛禽類も集まってくるため、野鳥ファンの人気スポットでもある

畑で猟をしていいか確認〔P182〕「垣、さくその他これに類するもので囲まれた土

地又は作物のある土地において、鳥獣の捕獲等又は鳥類の卵の採取等をしようとする者は、あらかじめ、その土地の占有者の承諾を得なければならない。」（鳥獣保護法第十七条）

ムクドリ

駅前の集団ねぐら〔P185〕「迷惑ムクドリ、駅前攻防　鳴き声・フン害…追えど戻る　共生策を求める声も」（「朝日新聞」二〇一〇年十一月二日）

ムクドリの追い払い〔P185〕「街の鳥害「鷹匠」の出番　古来の妙技「追い払い」に効果」（「朝日新聞」二〇一五年六月二十二日）

カワウ

宇治川の鵜飼い〔P186〕宇治川では、日本では先例がないという飼育下でのウミウの産卵・繁殖に二〇一四年から二年連続で成功している。「宇治川　ひな2羽誕生「放ち鵜飼い」実現期待　網なし　懐くと逃げにくい」（「読売新聞」二〇一五年五月二十八日）によれば、宇治川の鵜匠たちは、ひなから育てることで「放ち鵜飼い」の実現を目指している。「放ち鵜飼い」とは、鵜の体に「追い綱」を結んで操るのではなく、自由に獲物を追わせて呼び戻す漁法で、島根県益田市の高津川で行われていたが、最後の鵜匠が亡くなった二〇〇一年以降、途絶えた「幻の漁法」だという

六羽の鵜〔P186〕京都では六羽だが、木曽川では八〜十羽、長良川では十〜十二羽というように地域によって扱う鵜の数は異なる

野生のウミウの捕獲〔P186〕茨城県日立市十王町に、全国で唯一のウミウの捕獲場がある。「鵜飼文化の技知って　日立のウ捕獲場公開」（「茨城新聞」二〇一四年一月六日）

中国のカワウによる鵜飼い〔P186〕卯田宗平『鵜飼いと現代中国　人と動物、国家のエスノグラフィー』（東京大学出版会）

河川・湖沼における漁業への被害〔P186〕「（リポートいわて）カワウからアユ守れ　来月解禁、漁協奔走／岩手県」（「朝日新聞」二〇一〇年六月二十二日）によれば、カワウによる推定被害額は全国で一九九三年の九億円から二〇〇六年の七十三億円に拡大した

糞を肥料として採取〔P187〕「（知多半島の鵜の山・引用者注）は国内でも代表的なカワウの繁殖地で、約9000羽を数える。鵜の山にカワウが定着したのは、約180年ほど前といわれ、堂前池（通称鵜の池）に面した丘陵地のアカマツ林にカワウが常在し、ウの排泄物を肥料として村民は収益をあげていた」（文化財ナビ愛知ホームページ内「鵜の山ウ繁殖地」）

滋賀県による個体数調整〔P188〕滋賀県ホームページ内「滋賀県鳥獣対策室」にある「カワウの管理について」に詳しい。また、株式会社イーグレット・オフィスは、滋賀県水産課と協力し、カワウのシャープシューティングで成果をあげた。同社ホームページ内「investigate」に報告がある

ウズラ

二〇一三年度より非狩猟鳥獣〔P189〕環境省ホームページ内「平成25年5月15日報道発表資料」に添付資料として「ウズラ

に係る狩猟鳥獣の指定の解除等について」がある

「猟はウズラ撃ちにはじまってウズラ撃ちに終わる」〔P189〕　北春夫『狩猟―基本と実猟』（池田書店）に筆者が若い頃に先輩たちから聞いていた言い回しとして紹介されている。かつては「銃猟のなかではウズラ猟を最高のものとして評価」していたという。ただ、「最近ではウズラが非常に少なくなり、ウズラ猟として本格的に楽しめる場所も少なくなってしまいました」との記述もあり、同書刊行時の一九七九年には、すでに猟師の間でもウズラの減少が認識されていたことがわかる

二〇〇六年度の捕獲数は五百羽〔P189〕「環境省、野生ウズラを希少鳥獣に。」（「日本経済新聞」二〇一三年五月十六日）

養殖ウズラの食肉利用〔P190〕　スズメの焼き鳥が名物の伏見稲荷では、一緒にウズラの焼き鳥も販売しているお店が多い

現在の飼育数は六百万羽〔P190〕「全国の養鶉羽数は約600万羽で産卵率は70％、一日につき420万個の卵を産んでいますが、全国生産量の60〜70％が東三河（ほとんど豊橋市）で占められています。また、全国にひなの発送もしており、養鶉（ようじゅん）の発祥地としてその名は広まっています」（農林水産省東海農政局ホームページ内「東海地域の銘柄畜産物　卵肉用鶉」）

コジュケイの放鳥〔P190〕「狩猟鳥としての保護増殖を図るため、以前は各地で放鳥が行われていた（特に1995年頃から十数年間、大日本猟友会が三宅島（東京都）で生け捕りにしたものを全国各地に供給した結果、全国的に分布するようになった）」（『狩猟読本』）

3

狩猟採集生活の今とこれから

残酷さの定義

気持ちの揺らぎ

後頭部をどついて失神させたシカに素早く近づき、頭を押さえる。顎から首にかけたあたりの皮膚を数センチほどナイフで切り、頸動脈を探す。猟期の始めの頃はいつも手間取る。シカは意識が戻ってくると痛そうにもがく。申し訳ない気持ちになり、よけいに焦る。筋のような青黒い血管をプツッと切断すると、勢い良く血が流れ出す。地面がみるみる赤く染まる。

血が抜けやすいイノシシと違い、シカは心臓を動かした状態で血抜きをする。血が抜けきらないと肉に臭みが残ってしまう。大量出血で息絶えるまで十分ほどの間、僕はシカのそばでじっとしている。足を突っ張って起き上がろうとするシカの口からは激しく白い息が漏れた。冬の静かな山の中では、その息遣いがやけに大きく聞こえる。血が抜けやすいように頭を下にして山の斜面に横たえる。痙攣するシカの体を押さえるその手には温かい体温が伝わってくる。

やがて、シカは目を見開いて息絶えた。

自分のトドメ刺しの技術が未熟だったために、シカを無駄に苦しめてしまった。こんなことなら、ひと思いに心臓を突いた方がよかったんだろうか。山の中でふと考えた。猟を始めて十四年になるが、獲物の命を奪うとき、僕の気持ちはいつも揺らいでいる。

動物を殺すことの意味

命を奪うからにはおいしくいただくのが礼儀。これは狩猟をする者の常套句だ。そういう意味では生きたまま血抜きができるのはわな猟のメリットだ。だが、猟師の中には、銃では殺せるけど、わなで獲って自分でどついたり、刺したりするのはかわいそうで無理という者もいる。また、わなにかけて一晩も拘束しておくのは残酷で、銃で一発で仕留める方が人道的だという主張もある。「わなで苦しめた獲物の肉はまずいやろ」なんて言われたこともある。

なるべく苦しませずに命を奪いたい。野生動物と直接対峙する緊迫した場面においても、多くの猟師はこう考えている。命を狙われるのだから動物たちも必死だ。わなにかかったイノシシは牙をガチガチ鳴らして猟師を威嚇し、突進を繰り返して抵抗する。犬に追われたシカも全力で逃げるし、銃で撃たれた後も、血を流しながら息絶えるまで走り続ける。

日本各地で獲物を獲った際の狩猟儀礼が残っている。獲物の片耳を切り取って木の枝に刺す、心臓に切れ目を入れて神棚に捧げるなどなど。これは獲物を授けてくれた山の神様に対する感謝の念とともに、動物たちへの供養の気持ちを表していることが多い。昔から人々は動物を殺すことに葛藤を覚えていたに違いない。僕はこういった儀式を師匠から引き継いでいない。古くからの猟師の系譜の中に自分がいないような気がして残念に思う気持ちはある。ただ、一方で儀式を知らないからこそ、自分の頭の中で常に「動物を殺すことの意味」をぐるぐる考えざるを得ない状況にあることはありがたくもある。

命の重み

「なんでこじかまでころすん?」

自宅のそばの広場で軽トラックの荷台に載せた小さいシカの内臓を出しているとき、ちょうど母親と帰宅した当時五歳だった長男にこう言われたことがある。僕はイノシシの幼獣はわなにかかっても基本的にはリリースして大きくなってから捕獲しているが、シカは生息数の増加を考慮して幼獣でも獲ることにしている。しかし、そのときは「シカが増え過ぎたらほかの動物たちも困るし……」などと説明しつつも動揺している自分がいた。

僕も猟を始めた頃はリリースしていたし、今もとれる肉の量も少ない幼獣を捕獲することにはなんとなくためらいがある。小さい頃から動物好きだった僕はどうしても彼らに感情移入してしまう。自然界では幼獣や年老いた個体が真っ先に狙われるのだから、なんとも人間的な考え方である。獲物が豊富で、現金収入もあり、猟と生存が直結していない現代の猟師ゆえの情緒的な感覚でもあるだろう。

何を残酷だと思うかは育った文化の影響もある。ジビエ料理では子イノシシはマルカッサンと呼ばれ人気がある。欧米では猟師の感覚も違うのかもしれない。一方、魚の活け造りは新鮮さの証明として日本では多くの人に許容されているが、海外では残酷だと批判されることもある。活け造りでなくとも尾頭付きの刺身を見ておいしそうに思う人は多いだろう。でも、もしこれがシカやイノシシだったら残酷極まりないと非難されるに違いない。マグロの解体実演はショーになるが、シカなら賛否は分かれる。日本で家畜の屠殺・解体がタブーのように扱われてきた歴史も関係するだろうが、人による「命の重み」の違いを表しているとも言えるだろう。

「命に感謝」「命は平等」なんて言葉はやはりきれい事で胡散臭く思える。狩猟で獲る獲物の命は大切にしても、虫の命は適当に奪ったりするのが現実だ。庭の雑草を草刈機で刈り払うだけで、どれくらいの小さい生き物たちの命が奪われるか。

結局は、自分が気持ちよく、違和感なく動物の命を奪える基準を各自がそれぞれ線引きしているだけだ。「魚は痛覚がないから殺せるけど、鳥やけものは鳴き叫んで痛がるから無理」と言って、狩猟と釣りを区別する人もいる。

「ウリボウをつないどいたら母イノシシが簡単に獲れるよ」と言われてもたぶん僕はその猟法は選択しないだろう。でも「発情期にメスをつないどいたら、オスが寄ってくる」と言われたら面白がって試すかもしれない（発情したオスイノシシの肉は臭いので実際はやらないだろうが）。これくらい人間の感覚なんていい加減なものだ。

獲物に対する感情移入や擬人化、供養や感謝の気持ちなど、そんなものをいろいろと今後も抱きながら、猟を続けていくのだろう。

猟の獲物と家畜・家禽

大学生の頃は、養鶏場からよくニワトリをもらってきてさばいていた。大規模な養鶏場では、効率的に一定品質の卵を産ませるため、産卵ペースの落ちたニワトリ、いわゆる廃鶏が大量に出る。廃鶏は普通に肉として食べるには硬すぎるため、加工食品やペットフードに利用されることが多い。その取引価格は一羽あたり数十円にすぎず、場合によっては逆に処理費用を負担して業者に引き取ってもらうこともあるそうだ。それゆえ、「廃鶏が欲しい」と言うと、「いくらでも持っていけ」と無償で譲ってくれる養鶏場もあった。

その頃は、住んでいた学生寮のお祭りやイベントがある度に行きつけの養鶏場に出かけて行っては、数羽ずつもらってきていた。すぐさばかずにしばらく寮の中庭で飼育することもあったが、廃鶏と言っても二日に一度くらいは卵を産んでいた。

しかし、実はニワトリをさばくのが苦手だった。何日か飼育するとすぐに情が移ってしまう。自分でヒヨコから育てたニワトリをさばくときはなおさらだった。シカやイノシシの猟をしている人間が何を言っているんだと思われるかもしれないが、猟の獲物を殺し、さばく方が圧倒的に抵抗感がない。山での駆け引きの過程で獲物に対しても親近感のようなものが生まれることはあるが、飼育による愛着とは別物だ。知恵比べの結果、こちらが見事捕獲し、必死で暴れる獲物にトドメを刺して、解体して食料にする。この流れは自分の中ではあまり違和感はない。

前日まで飼育していたニワトリは、殺されるとも知らずにうれしそうに僕の方に寄ってくる。

それに対して、「実は悪いんだけど、今日死んでもらうわ……」というだまし討ち的な感じがどうにもしっくりこないのだ。僕の感覚ではこちらの方が「残酷」だと感じてしまう。

家禽であるニワトリは野生動物と違い当然品種改良されている。卵肉兼用種という品種もあるが、採卵用と肉用で異なる品種を利用するのが一般的だ。採卵用には体が小さく卵をたくさん産む白色レグホンなどの品種がおり、肉用にはブロイラーと総称される短期間で大きく成長する品種がいる。白色レグホンはメスしか必要とされないので、オスはヒヨコのうちに殺され、産業廃棄物となるのがほとんどだ。また、メスも大規模な養鶏場では、産卵効率が落ちて生後二年を待たずに廃鶏にされるのは前述の通りだ。

こうした家畜や家禽の品種改良は、経済性の追求もあるが、いかに「おいしくいただくか」を目指した結果でもある。廃鶏がたくさん出るのも「一定の品質を保った卵をおいしくいただきたい消費者」のニーズに合わせているという側面もある。

世界三大珍味のフォアグラは、ガチョウの口にチューブをつっこみ、餌を延々送り込んで、さんざん肥大化させた肝臓を食べる。これも「おいしくいただく」ためだとも言えるが、多くの国で残酷だとして近年禁止される傾向にある。しかし、高栄養な餌と品種改良で短期間に成長させて、生後二カ月足らずで出荷するブロイラーと何が違うのだろうか。軟らかくて値段も安い「おいしいフライドチキン」はこうやって作られる。「おいしくいただく」ことはその動物に対して敬意を払うこととイコールではない。

我が家で飼育しているニワトリも卵を産まなくなったら、つぶして食べるかどうか考えないといけない。自家養鶏ではそれが一般的で、養鶏場ほどのペースではないけれど、そうやって順番に新しいニワトリを導入する。オンドリも飼っているところは生まれたヒヨコを利用する。ペットとは違うと頭では理解していても、長年、飼育して卵を産んでくれたニワトリを食べることにはやっぱり抵抗がある。ニワトリというあまりにも人間にとって都合よく作られた生き物の存在を僕は直視できていないのかもしれない。こういうことをウダウダと考え始めてしまうので、やっぱり僕には狩猟の方があっているようにも思う。

猟師とベジタリアン

猟師とベジタリアンというと最も相反する存在だと思われるかもしれない。だが、ベジタリアンにも様々なスタイルがある。動物を殺すことに絶対反対というイメージが強いが、動物福祉の観点から劣悪な飼育環境での工業的畜産に反対してベジタリアンになった人や、第三世界の飢餓解決や森林伐採反対の観点から菜食を勧めている人もいる。現代の家畜・家禽生産では農地で育てた穀物を飼料としていることも多い。それを直接食べた方が少ない農地で多くの人口を養うことができ、新たに伐採される森林も少なくて済むというわけだ。週に一回肉食をやめようというような運動もある。

こういったスタイルのベジタリアンの中には狩猟に興味を持つ人もいる。食料調達を目的とした狩猟はその考え方と矛盾しないと言う。確かに、狩猟で対象となる動物たちは誰かが餌を与えるわけでなく、森林内で手に入る食べ物で勝手に暮らしている。適正な規模の狩猟であれば、動物たちの生息数も減ることはない。つまり、農地を必要としないで食料を手に入れられるという点では、家畜の肉どころか穀物や野菜を食べるよりも狩猟は森林への負荷が少ないと言える。また、現在の日本では一定の獣害対策にもなり、農業被害の軽減にもなる。多くのベジタリアンにとって、狩猟という営みは受け入れにくいものではあると思うが、僕も猟師とベジタリアンは親和性の高い存在だと考えている。

森林が奪われることはそこで暮らすあらゆる動物たちへのダメージとなる。野菜を守るために駆除される動物たちもいる。狩猟であろうが農耕であろうが、人間の暮らしはどうしても動物たちに影響をあたえてしまう。直接動物の命を奪い、その肉を食べるという行為だけが、残酷なのではないだろう。

野生動物になりきれない猟師

僕が狩猟を続ける理由はいろいろあるが、そのうちの一つに自然界の生態系の中に入っていきたい、野生動物の仲間に交ぜてもらいたいという思いがある。ただ、オオカミなどの肉食動物が、「即死させないのは獲物に対して残酷だ。無駄なく食べることが供養になる」なんて思っているはずもない。彼らは自分やその一族の生存を考えて、淡々と狩りを行い、自分たちに必要な分だけ獲物を狩る。それが結果としては自然界のバランスをとることにつながっている。

僕も偉そうな御託は並べずに、野生動物のようにシンプルなスタイルの狩猟生活をおくりたいと常々思っているのだが、実情はこんな風に日々、「感謝」とか「罪悪感」とかについて考えこんでしまうことが多い。人間だから仕方がないと割り切ることもなかなかできない。

狩猟をしていると言うと、「よくそんな残酷なことできますね」などと言われることがある。

そのたびに考える。

「本当に人間は残酷な生き物だ」

自然をよむ暮らし

イノシシの一歩先を行く

わな猟では、獲る前にその猟場に何頭のイノシシがいるかを痕跡から判断し、その内のどのイノシシを獲るかを考える。猟期が始まった頃、クヌギやコナラのドングリの多い林を餌場にしていたイノシシは、自分の寝屋からそこへと続くけもの道を頻繁に通り、多くの痕跡を残す。ただ、餌場は季節とともに変わっていく。クヌギの落果が終わった頃に今度はカシのドングリが落ち始める。そこへ続くけもの道は解禁直後にはほとんど使われていないが、イノシシの一歩先を行くためにはあえてそこにもいくつかわなをしかけておく。そうしておくことで、狙ったイノシシが実際にそのけもの道を通り始める頃には、しかけたわなは幾度かの雨に打たれ、適度に場になじみ、においも落ち着いている。

広がるイメージ

自然は刻々と変化して、一つ一つの事象は絡み合っている。狩猟採集には想像力が肝要だ。春に京都市内から見える山々は、群生するシイの木の花が咲きみだれ黄色く輝いている。それを眺めていると、花に群がりせっせと蜜と花粉を集めるミツバチたちの姿がイメージされる。近くには当然自然巣があるだろう。今度はあの山の麓あたりに待ち箱を設置して分蜂群を捕獲しようか、そんなことを考える。

ニホンミツバチの自家養蜂を始めるためには、春先の分蜂シーズンに巣作りに適した場所に待ち箱と呼ばれる手作りの巣箱を設置する。南向きに開けた場所で落葉広葉樹の大木の下などがよいとされるが、空き家の軒下なども雨が当たらずミツバチたちは好む。探索係のミツバチたちがそれを見つけて気に入ってくれたら、しばらくしてミツバチの大群が黒雲のようにやってきて勝手に営巣を始めてくれる。その光景は圧巻だ。

秋になったら子どもたちを連れてあのあたりにシイの実を拾いに行こう。アクの少ないシイの実は子どもたちに人気のドングリで、炒ってやるといくらでも食べる。歓声をあげてシイの実を拾い集める子どもたちの横で僕はイノシシの痕跡を探す。シイの実はイノシシも好んで食べる。十二月に入っても落果が続くのでイノシシの猟場としても最適の森だ。シイの木の花を見るだけでこれだけの狩猟採集生活のイメージが広がる。

秋の楽しみに自然薯《じねんじょ》のムカゴ採りがある。ムカゴ飯にしたり、炒って塩を振って食べる。その頃にはハート型の葉っぱがきれいな黄色に色づいて、遠目にもよく目立つ。だが、本命の自然薯を掘り出す頃には葉っぱはもう枯れてしまっていて見つけるのは難しい。蔓に付いたムカゴを採りながら、根本をチェックして場所を覚えておくとよいわけだ。

酒に漬けるとおいしいマタタビの実もムカゴと同じ頃に採取できる。蔓植物であるマタタビは目立ちにくく、その果実も葉っぱの裏側に隠れていて分かりにくい。でも、すでにマタタビの木がどこにあるかは梅雨時に確認済みだ。マタタビの葉は訪花昆虫へのラブコールでその時期だけ白く色づく。白化したマタタビの葉は遠くからでもよく目立つので、車で山道を通るたびにどんどん頭の中にマタタビマップができあがっていくのである。後は、そのマタタビが雌木であれば果実が収穫できる。ちなみにマタタビの葉っぱは乾燥させればお茶にもなる。

春にかわいい白い花を咲かせるガマズミもそういう視点で見たら、秋の甘酸っぱい果実の味が頭に浮かぶようになる。秋にはミツバチが集まるタラノキの花を眺めながら、春のタラノメの採取プランを立てる。ただきれいな花だなあと眺めるだけでなく、一年を通した植物たちの変化をイメージして野山を見つめる。こんな感覚を磨いていけば、より立体的に自然を把握できるようになるだろう。

そこにさらに重層的に絡んでくるのが昆虫たちだ。採集家に人気のあるオオセンチコガネという昆虫がいる。鮮やかな金属的光沢が特徴で、地域によって緑や青、赤などの細かな体色の変化があり、「飛ぶ宝石」とも称される。この虫は以前は希少だと言われていたが、いまでは森を歩けば簡単に出会える身近な虫になった。実はこの虫は糞虫の仲間で、シカやイノシシなどの糞に集まる。シカが増加すれば必然的に生息数が増えるわけである。つまり、この虫が飛んでいるのを見かければ、その山にシカなどの野生動物がたくさん生息していると判断できる。また、昆虫たちは特定の植物に集まる傾向も強い。その昆虫がいれば、この木、この草がこのあたりにあるということも分かるようになる。

日々、野山に分け入っていると、そんな出会いや発見がそこら中にあって飽きることがない。

野生動物は裏切らない

こういう考え方は害虫と呼ばれる虫への対応にも応用できる。山あいに暮らしていると家の中にカメムシが入ってきて往生することがある。干してある靴下の中に入り込んだり、ストーブを焚くとどこからともなくブーンと出てきて電灯の周りを飛び回る。ただこれも、カメムシの習性を理解していれば、屋内へ侵入される数をだいぶ抑えられる。彼らは秋のよく晴れた日に一斉に飛んで冬眠場所へと向かう。何も知らないと、そんな日は窓を開けてついつい空気を入れ替えたくなってしまうが、ぐっと我慢して、しっかり窓を閉じておく。これだけで全然違う。

ムカデが家の中に出て困っているのなら、家の周りにムカデが好む湿った隠れ家はないかを確認する。家の裏の壁沿いに薪を積み上げている家をよく見るが、あれはムカデにとってはちょうどいい中継地になる。山からちょろちょろ出てきて、サッと隠れられる。その後、床下に入り込んだり、壁を伝って家の隙間から内部に侵入するわけである。ほかにもずっと置いてある植木鉢やコンクリートブロックなども要注意だ。こういったことを意識するだけで殺虫剤をまくよりもよっぽど効果的に害虫は減らすことができる。

田舎では一家に一台は必ずある草刈機。よくあるのが、エンジンの排気口の中に知らないうちにドロバチが巣作りしてしまったというトラブルだ。草刈機だけでなく、あらゆる筒状のものにドロバチは巣を作るため、田舎ではかなり厄介がられている。しかし、これだって彼らの習性を理解していれば対策は立てやすい。

イノシシにしても昆虫にしても、自然界の生き物は本当に律儀に自分たちの習性に沿った生き方を貫いている。そんな生き物を相手にするには闇雲に捕獲したり、殺虫剤に頼るのではなく、習性を理解したうえで対応する必要がある。自分の周りにいろんな生き物が生活していることを知り、自分の暮らしを見直していくことが自然のそばで暮らすということだろう。

何年か前、農業をしている知人がニホンミツバチを飼い始めた。自分が育てる農作物の受粉に加え、蜂蜜も収穫できるので、一石二鳥とはまさにこのことばかりに、最初は意気揚々としていた。しかし、あるとき、彼のかわいがっているミツバチが、どんどんもがき苦しんで死んでいくのを目の当たりにすることになった。それは彼の果樹園での農薬散布が原因だった。彼の中では果樹園の害虫とミツバチはまったく別物で自然界でのつながりがそのときまでイメージできていなかった。彼は蜂蜜への農薬の混入も心配になり、現在は減農薬への道を模索中だ。ニホンミツバチという昆虫を知ったことで、彼のこれまでの当たり前だった生活スタイルが変化したというわけだ。

雨が降ったら何をしよう

自分が手をかけて育てた作物を収穫する農耕や餌を与えて飼育する畜産に比べて、狩猟採集というのはどうしても不確定要素が多い。その日に肉が食べたいからといってすぐに獲れるものでもない。土砂崩れや突然の伐採・開発などで猟場の変更を余儀なくされることもある。ただ、そういう変化にも柔軟に対応できるのが、狩猟採集生活のメリットでもある。

二〇一三年の秋、僕の暮らす京都は歴史的な台風に襲われ、甚大な被害を受けた。保津川や桂川などの主要河川が一部で氾濫し、他の河川も軒並み大洪水だった。その日、僕は二トントラックを運転しながら市内各地で仕事をしていたが、鴨川の下流の堤防沿いを通りがかったとき、大きなタモ網を持ったおじさんたち数人を目撃した。〈おー、にごりすくいやってる!〉とうれしくなり、トラックを停車させその様子を見学した。何回かすくうと大きなコイを見事に捕獲し、その後はなんとウナギまで獲れていた。にごりすくいとは大水のときに、岸沿いの水の流れが滞留している場所や細い支流などに避難してくる魚を狙う漁法である。

僕も子どもの頃は、大水の後は水たまりに残された魚を探しによく河原に行ったし、田んぼまで水に浸かったときには、水が引いたあとはコイやフナ、ナマズなんかが手づかみでも獲れたのを覚えている。

逆に日照り続きで渇水のときは、河川が途切れてできた水たまりに閉じ込められた魚が獲り放題になる。昨夏もそうやって我が家の子どもたちがアユのつかみどりに歓声を上げた。

都市の暮らしでは大雨はただの災害だ。日照り続きは農家にとっては迷惑以外のなにものでもない。だが狩猟採集生活者にとってはそれもチャンスになりうる。自然界でも本来洪水は豊かな土壌を作り、生態系に多様性を与える重要なイベントだ。土砂崩れで樹木が倒れ、山肌が露出した斜面には、休眠していた種子から様々な植物が芽吹いてくる。動物たちはそんなチャンスは見逃さない。増水した川には食べ物を求めて野鳥たちが集まり、山肌に生えた植物にはあっという間にシカやノウサギの食み跡が付く。

雨が降った日の晩、山の動物たちは餌を求めてよく動く。僕はそれに合わせてわなをしかける。天候や地形の変化で採餌行動を変化させる野生動物と同じように、自然界や社会の変化に臨機応変に対応し、したたかに生きていくのが、猟師として暮らすことの醍醐味だろう。

狩猟採集生活と汚染

ブラウン管からウナギ

ある夏の夕暮れ、以前から気になっていた川の上流にある大きな淵に潜りに行った。狙う獲物はウナギ。上流部には生息数は多くないが、その分サイズが大きいのがいる。一キロを超える大物にも出会うことがある。ウナギ用の短い手銛を片手に静かに水に入った。

深いところでは水深四メートルくらいだろうか。息を止めて一気に潜り、川底を這うようにウナギを探す。静まり返った薄暗い水中で大きなウナギに出会ったときの興奮はなんとも言えない。目一杯広げた背びれと尻びれを揺らめかせているところは、地上で見るのとはまた違った独特の存在感がある。

ただ、この日は一気に興ざめすることになった。道路に近い岸に近づくと、スクーターや冷蔵庫など不法投棄された大型ごみが山のように堆積していたからだ。旧型テレビの割れたブラウン管の隙間から顔を出している小さいウナギを見たときはなんとも嫌な気分になった。

〈こんな川のウナギはちょっと食べたくないわな……〉

早々に川から上がり、ウェットスーツを脱いだ。

ごみの不法投棄だけではない。川で魚を獲るときは場所をよく考えないといけない。その場の水はきれいに見えても、上流に産廃処理施設があったりもする。水道施設が整備されていない場所では、生活排水の影響も大きい。寿命が長く生態系の上位にいるウナギやスッポンなどは、生体濃縮で有害物質を体内に蓄積していることも認識しておく必要がある。

カラダに良くない自然

狩猟採集生活は豊かな自然が舞台となる。自ら猟場を開拓し、自然が育んだ恵みを享受できるのが魅力だ。しかし、自分の手で食べ物を得る以上、その危険性も自ら判断しなくてはいけない。

狩猟採集生活には様々な汚染がつきまとう。

河川敷にたくさん生えているヨモギやノビル、ツクシは人気の野草だ。しかし、昼間にそれを見つけたからといって、喜び勇んで摘んでいるようではいけない。早朝や夕方、時間帯を変えて来てみれば、犬を連れたたくさんの愛犬家に出会うだろう。河川敷はたいがい定番の散歩コースで、遊歩道沿いの野草は小便まみれということもよくある。

車道沿いに生えるドクダミも排気ガスを直接浴びて汚れているし、田畑の畦や用水路に生えるセリやクレソンは農薬を気にする必要があるだろう。

除草剤をまかれた草地によく出てくるシカもいる。市街地でごみをあさって残飯を食べているイノシシは、人間の食べ物に含まれるいろいろな添加物を取り込んでいるだろうし、一緒に廃棄された薬品など化学物質を口にしている危険性もある。狙う獲物の行動エリアはしっかりと把握する必要がある。

自分で獲った獲物をさばいて食べるのだから、食品偽装なんかとは確かに無縁だが、市場に流通する安全・衛生管理された農産物・畜産物とはわけが違う。「自然のものはカラダに良い」などと盲信するのではなく、常に警戒し、行動範囲の自然の状況を知っておくことが、現代社会での狩猟採集生活では必須になる。そもそも、自然のものの中には食べ過ぎたら毒になるものだってたくさんある。

魚介類や鳥獣肉を食べる際には、ウイルス・細菌・寄生虫などにも気をつける必要がある。

対処法を混同して「いっぺん冷凍させたら大丈夫」なんて言って肉の生食をする人もいるが、冷凍で死滅させられるのは寄生虫のみであって、ウイルスや細菌の多くは家庭用冷凍庫で凍らせても活動が鈍る程度だ。

野生動物に寄生するマダニやツツガムシが媒介する感染症にも注意が必要だ。感染症の中には野兎病《やとびょう》や鳥インフルエンザなど特定の動物が媒介するものもある。これらは食べるときだけでなく、捕獲・解体時に感染することも多いと言われている。

さらなる汚染

秋の森に入ると、そこら中の地面がほじくり返されている。イノシシが食べ物をあさった跡だ。彼らの大好物はドングリで、落ち葉に埋もれたものでも優れた嗅覚で見つけ出して食べる。また、ヤマイモや春先のタケノコなど地中深くにある食べ物でも、自慢の鼻でどんどん掘り起こす。イノシシの鼻は何十キロもある岩や倒木でも平気でひっくり返し、腐葉土の中のミミズなんかも好んで食べる。

二〇一一年三月十一日に発生した福島第一原子力発電所の事故で、東日本の自然が広範囲に放射性物質で汚染された。事故直後は、放射性物質が降り注いだ草を大量に食べるシカの被曝を心配したが、その後のニュースで腐葉土やミミズから高濃度の放射性物質が検出されていることを知り、これはイノシシが相当やばいことになるだろう、と思っていた。放射性物質の動き方はイノシシの食生活を狙い撃ちにしているようなものだ。最近はやはり平均してイノシシの方が高い数値が出ているようだ。

東北地方や北関東の自治体を中心に、イノシシ肉の摂取および出荷制限が依然として続いている（二〇一五年七月現在）。摂取制限まで出ているのは福島県の一部だけだが、それ以外の地域でも、放射性物質を気にして狩猟をやめた人が出てきている。これまで喜んで食べてくれていた子どもや孫から「そんな危ないイノシシ肉はもう食べない」と言われた猟師の話も聞いた。捕獲されないイノシシたちの生息域は広がっており、汚染エリアの拡大も危惧されている。

ほかの野生鳥獣や山菜、キノコ、渓流魚からも高い数値が出ており、豊かな狩猟採集文化を持っていた東北・北関東でその伝統や技術の継続が難しい状況になってきている。ただでさえ全国的に減少傾向にある猟師だが、これらの地域では減少ペースが加速している。

森林の除染はまず不可能だと言われている。放射性セシウムの半減期が三十年であることを考えるならば、現在高い数値が出ている地域はかなり長期にわたって影響を受けることを覚悟する必要があるだろう。

チェルノブイリ後の自然

二十九年前に起きたチェルノブイリ原子力発電所の事故の際には、旧ソ連だけでなく近隣諸国のカリブーやトナカイ、イノシシも被曝した。現在でもチェルノブイリから一五〇〇キロ離れたドイツでさえ、同国の基準値を超えるイノシシが多数捕獲され、廃棄処分となっているそうだ。僕が暮らす京都は事故を起こした原発から、たかだか五四〇キロしか離れていない。風向きによっては、僕が獲るシカやイノシシが放射能に汚染される可能性も十分あった。

ドイツでは基準値以上のイノシシを獲った場合、行政が補償してくれる制度がある。ほかにもスウェーデンなどでは、トナカイやヘラジカなどの野生動物の肉を普通の食品の五倍の基準値に設定している。これは野生鳥獣の肉は頻繁に食卓に上らないからだ。ただ、猟師や先住民族など食べる頻度の高い人たちには、リスクに関する情報を提供したうえで自分たちで判断してもらっているそうだ。近い将来、日本でもこういった対処法を考えないといけなくなるのかもしれない。

チェルノブイリでは人間の活動が著しく減少した立入制限区域内に、広大な「自然の楽園」ができ、豊かな生態系が現れているというレポートもある。ただ、オオカミという捕食動物を失った日本の生態系ではそううまくはいかないだろう。人の立ち入りが制限され狩猟が行われなくなった地域では、イノシシはすでに極端に増えている。野生化した家畜の豚とイノシシの混血による自然界の遺伝子汚染も危惧されている。有害駆除も行われているが、汚染の数値の高い個体の捕獲後の処理の問題もあり、順調とは言いがたい。また、水田耕作や森林の手入れなどの人間の営みがなくなることで、そこに根付いていた昆虫や両生類、植物たちも姿を消していくだろう。

ただ、福島県の一部河川では河口部でのサケ漁が行われなくなった結果、上流部までサケの大群が遡上し、自然産卵をする光景が目撃されている。放流事業も原発事故の影響で中断されている地域もあるため、今後の遡上数がどうなるかは未知数だが、これが今後も継続するならば、かつてそれを餌としていたクマや大型の猛禽類にとっては朗報だ。また、農薬や生活排水などがなくなることは、昆虫や魚介類にプラスに作用する場合もあるだろう。当然それらの動物たちにも放射性物質の影響が少なからずあるわけだが……。

狩猟採集生活の現在

食べ物以外にも放射性物質の問題は出てくる。現在、一般食品の基準値は一キロあたり一〇〇ベクレルだが、薪は四〇ベクレルだ。口に入れるわけでもない薪がなぜ食品よりも厳しい基準値なのか不思議に思われるかもしれない。これは、薪自体よりも燃焼後の灰の数値を考慮している。薪に含まれる放射性物質は灰になると濃縮されて質量あたりの数値は二百倍になるとされており、四〇ベクレル以上の薪を燃やすと一般廃棄物として処理できる限度の八〇〇〇ベクレルを超えてしまうのである。そうなると、指定廃棄物として国に処分してもらう必要が出てくる。

薪ストーブや薪風呂を使う家なら、自家菜園もしていて、その灰を肥料として使うことも多いだろう。だが、汚染された地域では灰の利用を続けるのは難しい。有機農業では、落ち葉などで堆肥を作るが、そこでも放射性物質は濃縮される。

あの事故以降、一部の地域では自然と寄り添って暮らすことが自らも汚染される道を選ぶことを意味するようになった。森林内の木々や土壌、そこにつながる川や湖沼、そして自由に移動する様々な生き物たち。生態系の豊かなつながりが放射性物質も循環させる。より高濃度に汚染された原発周辺の土地では、明確に健康への影響があるレベルの被曝を覚悟しなければ狩猟採集生活は行うことができず、そういった暮らしを営んできた多くの人々は、生活スタイルの変更を余儀なくされるか、土地を離れざるを得なかった。日本各地に多数の原発を抱え、そこからもらった電気で生活するということは、こういったリスク、現実を今後も背負い続けなくてはならないということなのだろう。

汚染とどう向き合うか

個人的には狩猟採集生活と原子力発電所は相いれないと思っている。ただ、事故を契機に盛り上がった反原発運動には違和感があった。事故が起こる前から原発の問題は存在し、多くの作業員が被曝させられてきていた。事故が起きて、いざ自分の身にまで放射性物質が降り注ぐとなった瞬間に反原発、というのは都市住民の身勝手なのではないかと思った。「福島にもう人は住めない」などと安易に発言する者までいた。被災地が津波の被害に苦しんでいるそばから、太陽光発電などの「自然」エネルギーを使った「輝かしい未来」の話がどんどん盛り上がっていくのも、ちょっと気持ちが悪かった。

豊かな都市生活のために、地方が電力や農産物を供給し、産業廃棄物を引き受ける。地方の自然は都会人の癒しの場となる一方で、住み慣れた村が平野部への電力供給・治水のためにダムに沈むことを迫られてきた人々がいる。そして、事故が起きてその深刻な被害を受けたのはやはり地方だった。

都市在住者の「クマを守れ」「野生動物は殺すな」という声に、山間部で実際に暮らす人々が翻弄され煩悶するのと似た構図がここにもある。地方の負担が前提の都市生活を問い直さないままで反原発を議論しても、「都市生活にまで悪影響が出るのなら原発はいらない」という風にしか聞こえない。都市偏重のこの社会の構造を含めたライフスタイルを問い直さず、原発だけに反対してもあまり意味はないのではないか。

生体濃縮で有害物質を溜め込んだウナギやスッポン、放射性物質で汚染されたエリアで子育てするイノシシ、ものも言わず毎年芽吹く植物。自然界の生き物はみんな人間が汚した環境でそれを引き受けながら生きている。別に自らすすんで汚染される必要はないが、潔癖なまでに汚染を気にするのもどうなのかと思うこともある。日本中の自然は様々な形で汚染されているのが現実だ。自然とともに暮らすという選択をするならば、人間も適度に汚染を引き受ける必要はないのだろうか。

人間だけが汚染を必死で退け、安全だ健康だなんて言って長生きを目指すのは本当に「地球にやさしいエコな暮らし」なんだろうか。

現代の猟師

クマより猟師が絶滅危惧種

猟期の終わりには猟友会の先輩宅で宴会がある。僕が猟を始めて、もう十四年。四十歳の自分がいまだにそこでは最年少だ。僕の紹介で何名か入ったこともあるが、気づけば姿を消しており、継続して猟を続けている人はほとんどいない。

猟友会の先輩の中でも顔を見なくなった人もいる。高齢を理由に引退していく。僕より上はみんなもう還暦を超えている。気心の知れたメンバーでの宴は楽しい。ただ、いつまでこれが続けられるのかちょっと不安になることもある。

これは僕が所属する猟友会に限った話ではない。全国的に猟師は減少・高齢化の一途をたどっている。環境省の統計資料（二〇一二年度）によれば、全国で狩猟免許所持者は約十八万人。

二十〜三十代のいわゆる「若手」と呼ばれる世代は一万数千人しかいない。四十代を含めても三万人程度で、全体の六割以上が六十歳以上だ。ちなみに三十年前の一九八五年度の狩猟免許所持者数は約三十二万人だが、二十〜三十代だけでなんと十万人もいる。「クマよりも猟師の方が絶滅危惧種」とよく言われるが、その証拠がデータとしてしっかりと示されている。

最近のシカやイノシシの生息数の増加による農林業被害や森林生態系への深刻な影響を受け、環境省は「保護から管理へ」と方針の転換を決定した。近年までメスジカが非狩猟獣とされ捕獲が禁止されていたことが、ここまでシカが激増した一因となったというのはよく指摘されるが、明治から戦後にかけて多くの野生動物が激減する中、いかに保護するかが日本の鳥獣行政の基本だった。それが一部の鳥獣に関しては「保護」だけの段階は終わり、生息数・生息域を国が「管理」すべきというのだから、これは抜本的な見直しだと言える。しかし、その管理の担い手となる猟師の不足が深刻な問題となっている。

二〇一五年に施行された改正鳥獣保護法では、これまで禁止だった夜間発砲が一定条件下では許可されるようになったり、わな猟免許の取得可能年齢が十八歳に引き下げられるなど、様々な狩猟に関する規制が緩和された。また、それに先立ち数年前から「狩猟の魅力まるわかりフォーラム」という狩猟啓発イベントが各地で行われている。環境省が率先して狩猟を推進するなど以前なら考えられないことだ。

北海道の取り組み

僕もこの「狩猟の魅力まるわかりフォーラム」には講師として何回か参加した。印象深かったのは二〇一三年一月に札幌で行われたフォーラムだ。当初は百五十人程度の参加を見込んでいたのだが、ふたを開けてみれば二百五十人以上が参加した。

会場には写真パネルや関連書籍の展示に加え、地元の猟友会による模擬銃や見本のわなを展示したブース、アメリカ製のハンティングシミュレーションゲームの体験コーナーなどが設置された。エゾシカ料理の試食コーナーも人気だった。北海道では毎月第四火曜日を語呂合わせで「シカの日」と定め、北海道庁エゾシカ対策課がシカ肉利用の普及・啓発活動を行っている。これに協賛している飲食店は現在、道内で二百七十一店舗に上る。

北海道では早くからエゾシカの増加が問題視され、全国的にもかなり進んだ取り組みが行われている。「森とエゾシカと人の共生」を掲げた一般社団法人エゾシカ協会が以前から地道な活動を継続しているし、捕獲法に関しても斬新な取り組みが多い。駆除すべきシカの群れを自衛隊のへりを利用して見つけ出したり、時間限定で国道を封鎖してトラックの荷台から道路沿いに出没するシカを撃つ試みなどがある。シカの群れを生きたまま囲い込んで捕獲し、需要のある時期に食肉として出荷する一時養鹿なども行われている。

エゾシカ対策課のホームページによると、二〇一三年度は道内だけで狩猟と駆除合わせて約十三万頭のシカが捕獲されたという。これはかなり画期的な数字で、実際生息数の多い道東地域では個体数が徐々に安定してきているという調査も出ているそうだ。ただ、北海道西部での生息数の増加も指摘されており、民家が点在していて狩猟が行いづらい場所へシカが生息地を移動させるという問題も出てきている。

女性と狩猟

札幌のフォーラムでは、若手猟師によるパネルディスカッションも行われた。パネラーの一人は二十代の大学院生だったが、あとの二人は偶然にも僕と同い年だった。事前の打ち合わせで、「四十歳手前で若手って言ってもらえるのは、狩猟の世界ぐらいやね」と苦笑しながら話していた。パネルディスカッションにはエゾシカ対策室（エゾシカ対策課の前身）の宮津直倫さんも加わった。

パネラーの一人、同い年の松浦友紀子さんは、国立研究開発法人森林総合研究所北海道支所の職員として、学生時代に取得した狩猟免許を生かしながらシカの生態を調査している。彼女は二〇一二年、狩猟にかかわる女性だけの組織「The Women in Nature-shoot&eat-」(ＴＷＩＮ)を設立したことで話題を呼んだ。ＴＷＩＮの規約には「狩猟者確保のために女性ならではの視点と発想で狩猟環境を整えること」を目的としているとある。

日本では女性で猟をする人はとても珍しく、松浦さんによると、銃猟では女性の割合は一％以下だという。女性が銃を持ったり、狩猟をすることへの社会での理解はまだまだ進んでおらず、ＴＷＩＮのホームページにも、銃の所持許可の手続きで訪れた警察署で「女の幸せは銃を持つことではなく、結婚して家庭を持つこと」だと説教されたというエピソードも紹介されている。しかし、環境さえ整えば、狩猟にかかわりたいという女性はそれなりにいるはずだ。

若手猟師によるパネルディスカッションに参加した唯一の「本当の若手」は、酪農学園大学の大学院生である本間由香里さんだ。狩猟を始めたばかりで、フォーラムの直前に初めてエゾシカを撃つことができたそうで、そのときの経験を生き生きと語っていた。若い女性が銃を所持することについて家族からの反対はなかったのかという質問には、「実家が兼業農家で獣害がひどいから、銃の免許をとったらこっちにも撃ちに来てねと言われた」と意外に問題なかったとか。ただ、ほかの場所で行われたフォーラムに参加した女性の中には「何年も親には内緒にしていた」とか、「親に伝えたら泣かれた」という方もいたそうだ。

狩猟に関心を持ち、僕のところに連絡をくれる人は、最近は女性の方が多いような気がする。実際、解体に興味を持って継続的に参加してくれるのは圧倒的に女性の割合が高い。男はある程度見物して満足すると、酒を飲みながらわいわい騒いでいることが多いが、その横で女性は黙々とシカの肉塊から骨を外している。

女性がわな猟に参加する場合、獲物のトドメ刺しが難しいと言われることがある。銃を持っていればまだ良いが、暴れまわるイノシシをどついて失神させるのがなかなか難しいと思うようで、よく相談もされる。僕の知人の女性たちは猟友と協力し合うなどしてその問題はクリアしている。わな猟だからといってすべて一人でやる必要はない。僕だってでかいイノシシのときは万一のため友人に協力をお願いすることもよくあるし、そもそも一人だと運び出すのも大変だ。最近は、獣害対策としてのわな猟の普及に伴い、農家や一般の人が扱えるようなトドメ刺しの道具も開発されている。いろいろ工夫すれば、女性でもわな猟は十分可能だと思う。

猟区という方法

若手ハンターによるパネルディスカッションに参加した、もう一人の同い年は伊吾田順平さん。NPO法人西興部村《にしおこっぺむら》猟区管理協会で職員として働いている。「猟区」とは一定地域の狩猟鳥獣の捕獲数を調整するため、入猟者数・入猟日・捕獲対象鳥獣の種類・捕獲数などが独自に管理され、使用料を払うことで利用できる猟場である。鳥獣保護法に定められている制度で、自治体の認可を受ければ設置することができる。

猟区は野生動物管理が厳格な海外ではよく聞くが、日本ではあまりメジャーな制度ではない。西興部村ではエゾシカを対象としているが、他府県で設定されているのは放鳥したキジなどを対象とした猟区がほとんどで、シカをはじめとした大型獣が狙えるところは少ない。

北海道のエゾシカはニホンジカの亜種の一つだが、オスの成獣だと体重が一〇〇キロを超え、立派な角を持つ。エゾシカ猟に憧れる他地域の猟師は多く、彼らを対象に実施されるのがガイド付きハンティングツアーだ。エゾシカがよく姿を見せるポイントへ案内するだけでなく、解体施設も完備し、お肉はパック詰めしてクール便で自宅まで配送してくれる。ちなみに伊吾田さんによれば、西興部村猟区で二〇一三年に捕獲された最大個体は一七三キロだそうで、京都などで捕獲されるホンシュウジカ（本州に生息するニホンジカの亜種）では考えられないサイズだ。

西興部村では初心者向けの狩猟セミナーや地域の子どもたちを対象にした自然体験教室も事業として行われている。エゾシカの個体数を管理するだけでなく、狩猟にかかわる人間を増やすことで、人とエゾシカの共生できる社会の実現を目指している。こういった取り組みは、入猟者による宿泊・飲食や地元ガイドの雇用など地域経済の活性化にも良い影響を与えているそうだ。北海道では西興部村が長らく唯一の猟区だったが、二〇一四年度より占冠村《しむかっぷむら》でも猟区が設定されるなど、徐々に広がりを見せ始めている。

居住地や施設面の問題で狩猟を諦めている都市住民は多い。また、ゆかりのない土地での狩猟は地元住民とのトラブルも心配だ。このような猟区制度がもっと活用されていくことは、日本の狩猟人口を増やしていくことにもつながるのではないかと思えた。

狩猟管理学

札幌でのフォーラムの翌日、江別市にある酪農学園大学に向かった。ここには日本で唯一の狩猟管理学研究室が設置されていて、そこで学生向けに講演を行った。招いてくださったのは、准教授の伊吾田宏正さんで、前日のフォーラムでご一緒した西興部村の順平さんのお兄さん。伊吾田さんの研究室に入るとそこら中にエゾシカの角や頭骨が並んでいる。講演の打ち合わせをしていると、学生さんがエゾシカ料理を運んできてくれた。ヤマブドウソースをかけた燻製とスープカレー。すごくおいしい。

狩猟管理学研究室はその目的として「全国的に鳥獣問題が深刻化する中で、エゾシカなど自然資源としての狩猟鳥獣の価値を見直し、日本の「狩猟学」を構築する」（酪農学園大学ウェブサイトより）と掲げている。具体的には「効率的捕獲手法の検討、ハンターの担い手育成プログラムの開発、野生生物の生態調査研究、鳥獣の利活用およびハンターの実態把握などの基礎データ収集」を行っているそうだ。

研究室の学生も半数以上が狩猟免許を取得していて、すでに実猟を経験している人もいる。

講演会の後、近くの居酒屋で交流会となったのだが、そこのアルバイトの女の子が「昨日、狩猟免許の更新に行ってきたよー」と参加者の女子学生と話していた。日本のほかの場所では絶対にありえない光景だ。

ただ、日本ではこの研究室を出ても、それを生かした就職先がなかなかないという。野生動物の調査会社に勤めたり、市町村の鳥獣害担当職員になったりした卒業生もいるが、大半は直接は関係のない職場に就職する。伊吾田さんは、欧米のように野生動物管理や狩猟管理を担うレンジャーなどの職業が確立される必要があるとおっしゃっていた。

狩猟を始めるハードル

各地のフォーラムには、狩猟に関心があるだけでなく、実際に始めたいという人も多く参加していた。自分の暮らす地域の獣害をなんとかしたいという人もいれば、自然教室のテーマに取り入れたいと考えている人、シカの角や獣皮を使ったクラフト作品に興味がある人など、その目的も様々だ。ただ、狩猟を始めるには、様々なハードルがある。

まずは、日本において狩猟は免許制なので、免許を取得する必要がある。そのためには試験に合格せねばならず、銃の所持許可を得るためにも厳格な審査がある。この過程でそれなりに費用もかかるし、銃や保管用のロッカーを購入することも考えるとかなりの出費になる。最近は各地の自治体で新規の狩猟免許取得者への補助などもあるが、ある程度の負担は覚悟する必要がある。この点では、わな猟は免許もとりやすく比較的少ない費用で始められる利点がある。

次に問題となるのは、仕事との兼ね合いだ。わな猟の場合は毎日の見回りがネックになる。僕も仕事で遅くなったら、ヘッドライトをつけて夜の山に入ることもあるし、その日の予定次第では朝四時に起きて見回りに行くこともある。猟期中はなかなかハードな日々だ。その点、銃猟の場合は週末のみに出猟するということが可能になる。ただ、平日にも行われる有害駆除に中心的にかかわれるのは時間に自由のきく高齢者だ。最近は有害駆除にも参加して積極的に地域に貢献したいと考える若者も多いが、この点でやはり苦労している。猟師の高齢化が問題にされるが、高齢者しか狩猟ができる環境にないのも事実だ。職業猟師になるなら話は別だが、週五日八時間労働が原則とされるこの国では、あとは一部の自営業者くらいしか満足に狩猟に取り組めない。大学生やフリーターの頃に猟を始めた若者も、就職とともに大半はやめてしまう。

また、住んでいる場所の問題もある。最寄りの山まで車で一時間以上かかるような大都市に住んでいる場合は、見回りの時間を考えるとなかなかわな猟は厳しい。獲物を解体する場所の確保も問題となる。一方、銃猟なら都市部に住んでいても可能だ。猟場としたいエリアの狩猟グループに入れてもらえば、初心者でもいろいろと教えてもらえる。解体する場所もグループごとに確保されている。

これからの狩猟

各地のフォーラムに参加して驚いたのは思った以上に若者が多いことだ。狩猟に関心のある若い人は着実に増えてきている。僕が猟を始めた頃は、「こんな時代に猟を始めようなんて変わり者やなあ」と変人揃いの猟友会の先輩方にも言われたものだが、たかだか十年やそこらでここまで状況が変わってくるとは正直思ってもみなかった。

様々な関係者の努力の賜物と言いたいところだが、一番の要因はシカやイノシシの生息数の増加だろう。農林業への獣害や生態系被害などがマスコミで大きく報じられることが増え、狩猟の意義が社会的に認知されつつある。また、生息数を増やした野生動物が人里近くに生活圏を移してきていることは、かつてよりも簡単に獲物が獲れることを意味する。

有害駆除の報奨金が増額され、獣肉処理場も各地で建設されている。行政による全面的なバックアップで、新たに狩猟を始める環境は整ったと言っていいだろう。最近は各地で狩猟や獣害問題に取り組むＮＰＯなども設立され、積極的に活動している。

今後、若手猟師の数はある程度は持ち直すのではないかと思う。以前と比べ、様々な形で狩猟とかかわって暮らしていく道が開けている。実際、年間数百頭の獲物を獲り、駆除の報奨金と獣肉の販売だけで暮らしていけている若手の専業猟師もすでに出てきている。

ただ、その一方で年配のベテラン猟師はどんどん引退していく。引き継ぐ者もいないまま、各地で貴重な狩猟技術や知識が失われていっている。猟師の減少傾向はしばらく続くだろう。僕が六十歳になる二十年後、今いる猟師の半数以上はもういなくなる。果たしてどんな狩猟界になっているのだろうか。今が転換点であることはまず間違いない。

狩猟文化の多様性

狩猟者育成の弊害

「狩猟の魅力まるわかりフォーラム」のような啓発イベントだけでなく、近頃は各地でわな猟講習会や狩猟体験合宿といった取り組みも積極的に行われている。狩猟学校を作るべきだというような話まで聞こえてくるが、具体的な技術指導まですするとなると、ちょっと違和感がある。猟師はある意味、生態系の一部として自然界に入っていく「野生」的存在だ。集団で育成されるようでは「家畜」的になってしまうと言ったら大げさだろうか。個人的には「山にうまそうなイノシシがいたんで自己流のわなで獲ってみたんですけど、これって免許いるんですか!?」というような若者の方が猟師には向いていると思う(もちろん違法なので勧められないが)。猟友会の年配の猟師は個性的な人が多いし、高い技術を持っている。彼らはみんな、自力で師匠を見つけ、技術を引き継ぎながら経験を積み、独力で腕を磨いてきた人たちだ。

狩猟者育成は、農林業被害対策や生態系保全という社会的な意義が急激に狩猟に付与される中での動きだ。しかし、その目的に沿ったある意味「従順な」狩猟従事者を育てようという考えによって、これまでほとんど産業化されていなかったがゆえに維持されていた、地域ごとの狩猟文化の多様性が失われていく危険性もあるのではないだろうか。

多様な狩猟スタイル

「千松なあ、イノシシは脂が命やから、皮に残らんように丁寧に剝ぐんやで」

初めてイノシシを解体したときに師匠の角出さんから言われたこの言葉を今でも忠実に守っている。いい時期に獲れたイノシシには分厚い皮下脂肪が付いており、その脂が本当においしい。大きいイノシシになると数人がかりでも皮剝ぎに一時間以上はかける。十分程度で簡単に剝けるシカとは大違いだ。

しかし、別の地域に行くとこの皮剝ぎを行わないところもある。九州の方ではお湯を掛けて毛を抜く湯引きや、ナイフでの毛剃りが行われている。沖縄の西表島ではバーナーによる毛焼きが一般的だ。これらの地域ではそのように処理した後、皮付きのまま精肉にする。最近は、獲物の解体の方法もインターネットの動画サイトで簡単に勉強できるが、それぞれの解体法がなにゆえその地域に根付いたのかを考えることも重要だろう。

解体だけでなく、同じくくりわなでも地域によってそれぞれのスタイルがある。今でこそ鋼鉄のスプリングやゴムを使ったわなが一般的になってきたが、かつては跳ね木というよくしなる木をバネとして使っていた。跳ね木に使える樹種は限られている。木に粘りがある必要があるし、伐採して使うなら、乾燥しても折れにくい性質でないといけない。京都ではけもの道沿いによく生えている常緑樹であるサカキ、ヒサカキ、ヤブツバキなどがよく用いられていたそうだが、ほかの地方に行けばそれも異なる。列島の南北で森の植生も異なるのだから、その土地々々で利用できる樹種が異なるのは当たり前だ。沖縄や奄美では伐採した木を埋め込んで跳ね木として利用するのが今でも主流だが、そこではシマミサオノキやモクタチバナという樹種が好んで使われるそうだ。京都でしか猟をしたことがない僕にはどんな木なのかさっぱり分からない。

初めて西表島を訪れたとき、京都の森とのあまりの植生の違いに圧倒されたのを覚えている。そんな場所では、僕の京都の森での知識や経験などはほとんど役に立たない。ただ、そんな森の中で現地ではカマイと呼ばれるリュウキュウイノシシが京都のイノシシと変わらない痕跡を各所に残していたのを見たときは、なんだか見知らぬ土地で旧友に再会できたような安心感があったのも覚えている。

狩猟の技術や文化は、それぞれの地域の森や気候に合わせた形で伝承されてきている。僕のわなのしかけ方では雪がある程度積もったらわなは作動しなくなるが、北海道や長野の猟師は雪の上にくくりわなをしかけて獲物をどんどん捕獲している。

雪の多い地域では獲物を捕獲したらその場で解体することもあると聞く。内臓を出して、腹腔内に雪を放り込めばすぐ冷やせるし、なにより新雪の上なら肉が汚れることもない。僕の暮らす京都のような雪の少ない地域ではきれいな沢のそばででもない限り、山中での解体は土で汚れるのでなかなかしにくいので、ちょっとうらやましく思ったりもする。

変化する猟法、禁止された技術

狩猟に限ったことではないが文化というものは常に変化し続けている。猟師の間で新しい技術や知識が伝播するスピードはかなり速く、良いものはさっさと受け入れるしたたかさもある。それは小型タイプの箱わなががここ十年ほどで急激に普及したのを見てもよく分かる。

沖縄・西表島のカマイ猟で、くくりわなが使われるようになったのは実は一九三〇年代以降だそうで、台湾から渡ってきた猟法だという。そもそも僕のくくりわな猟も、師匠の角出さんがその技術を教わったのは九州から林業関係で出稼ぎに来ていた人からだそうだ。つまり、僕のわな猟は九州で昔から行われてきた猟法の流れを汲んでいることになる。

新しい猟法が導入されると古いものは廃れていく。また、時代の変化で禁止された猟法もたくさんある。例えば古代にあっては主要な猟具で、戦国時代までは殺傷兵器としても使われた弓矢は現在は使用が禁止されている。銃と比べると殺傷能力が低く、手負いの状態で獲物を逃がしてしまうことが多いからだとされている。北海道のアイヌ民族は毒を使ったアマッポという仕掛け弓を使用していたが、これも現在は行うことができない。ただ、アメリカなどでは高性能な弓矢による狩猟は盛んに行われている。銃刀法による規制もなく、猟銃より安価で暴発の危険性もない弓矢の猟具としての可能性は、日本でももっと議論されても良いのではないかと思う。

鳥類をわなで捕獲することや「とりもち」を使用する方法も鳥獣保護法では禁止されている。かつて法定猟具とされていたとりもちによる猟は、縄にとりもちを付けて水鳥を捕獲する「もちなわ」や、竹を組んだ仕掛けにとりもちを塗りつける「はご」など興味深いものが多々ある。

モチノキを見分け、その樹皮からとりもちを精製する技術なども廃れさせるにはもったいない。野鳥を呼ぶ鳥笛も面白い。カモやエゾライチョウなどそれぞれの鳥の鳴き声をまねた笛が作られている。キジ笛などは獲物が獲れすぎるからという理由で禁止猟法になっているくらいだ。

法定猟法の中でも、タシギを専門に狙う「つき網」や、飛んでいるカモに向かって柄の付いた網を投げて捕獲する「なげ網」などの面白い猟法がある。網猟は、それぞれの獲物の性質をよく見抜いたうえで編み出された昔ながらの狩猟法であり、実践する人も少なくなってきているが、ぜひとも引き継いでいきたい大切な狩猟文化だ。

ほかにも禁止となった狩猟法や廃れていった技術はたくさんあるが、それらは人類が昔から鳥獣を獲るために試行錯誤してきた中で生まれたものであり、そこにある発想や技術には学ぶところがたくさんあると、個人的には考えている。

子どもの狩猟文化

かつて田舎では、子どもたちがコブチ、コギッチョン、クグツなどと呼ばれる竹で作った仕掛けで野鳥を獲ったり、レンガやザルのわなでスズメを獲ったりするのは日常の風景だったが、現在は鳥獣保護法により禁じられている。猟の先輩方の話を聞くと、子どもの頃からこういった狩猟遊びを通して野生動物と触れ合ってきた人が多く、そのままの流れで猟師になっている。猟師が減ったのは、こういった遊びが廃れてきたことにも原因があるのかもしれない。

現在、子どもたちが狩猟とかかわるうえで利用できるのは自由狩猟だ。銃・網・わなの三種の法定猟具を用いた狩猟には免許が必要で年齢制限があるが、免許のいらない自由狩猟は子どもでもできる。素手や棒、ナイフなどで狩猟鳥獣を獲るのなら、猟期や可猟エリア、捕獲定数を守れば免許は必要ない。有名なのはパチンコ猟だ。最近はスリングショットと呼ばれる高性能なパチンコも売られていて、キジバトやヒヨドリくらいの獲物なら十分に捕獲できる。鷹狩りも自由狩猟だが、これはちょっと子どもにはハードルは高いか。

犬のみによる狩猟もかつては自由狩猟だったが、近年行う人が増えたため禁止された。確かにこれを認めると、違反行為で狩猟免許を取り上げられた者が「銃を使わないから自由狩猟だ」と、飼育していた猟犬を使って猟を続けることもできてしまうのでやむを得ない規制かもしれない。自分が訓練した猟犬でイノシシを追い込んで、ナイフ一本でトドメを刺す中学生なんていたらすごくかっこいいと思うのだけど、残念ながら現在では違法となってしまった。

なぜ狩猟技術を継承するのか？

冒頭にも書いたように、何もかもすべて独力で猟を始めるというのも当然選択肢としてはありだとは思う。そんな人が、これまでの常識をくつがえすような新たな狩猟法を見つけ出すのかもしれない。ただ、これだけ各地に多種多様な猟法や狩猟文化が残っているのに、それを継承しないのはもったいない。それぞれの地域に特有の狩猟技術が根付いたのにはきっとそれなりに合理的な理由があるに違いないのだから。

これから狩猟を始めようという人はぜひとも地域に根ざしたユニークな狩猟文化を学んでほしい。また、禁止された猟法の中に今の狩猟に活かせる知恵も見出せる。例えば、アイヌ民族のアマッポの設置技術が、現代の積雪地帯でのわな猟に応用できるかもしれない。

自然界においては生物多様性が重要だと言われているが、そこに深くかかわる存在である猟師が画一化されていてはお話にならない。人間社会の変化や気候変動などで野生動物の生態や行動も刻々と変化してきている。それに柔軟に対応していくためにも層の厚い狩猟文化を維持していくことが大切なのではないだろうか。

そもそも変な人がいっぱいいいた方が面白い。

生活者としての猟師

狩猟は趣味か職業か

「猟師」なんて名乗っていると、狩猟だけで収入を得ているとよく誤解される。「そうではない」と言うと、「じゃあ趣味なんですね」となる。僕は「それも違う」と答える。

多くの人は肉を手に入れようとするとき、スーパーマーケットのお肉売場や精肉店に行く。自分が労働をするなりして稼いだ現金を持って。僕は自分自身の労力を使って山で獲物を獲り、肉を手に入れる。お店で肉を買うのが趣味なんて人はそうそういないだろう。それと同じことだ。僕にとっての狩猟は「生活の一部」でしかない。お肉以外にも山菜や果実、キノコ、川魚、薪などの燃料まで手に入る山は便利なスーパーマーケットのようなものだ。

猟師の中には「趣味でハンティングを楽しんでいる」と表現する人も確かにいる。ただ、「趣味で動物を殺している」と言うことに僕は抵抗がある。趣味という言葉自体が娯楽的な意味合いを持つためだ。それに、この言葉では、僕が狩猟に見出している「食料調達」という本来の目的が隠れてしまう。

「プロの猟師にならないんですか?」と聞かれることもよくある。確かに職業猟師になった方が、捕獲技術は格段に向上するだろうし、山のことにも詳しくなれる。ただ、それは僕の目指すところとは違う。人から注文を受けて、「来週までにイノシシ三頭よろしく」などと言われるようになったら、自分のペースで山に入るのが難しくなるだろう。今ならしないような無茶なわな設置をするようにもなるかもしれない。何よりイノシシがお金に見えてくるんじゃないだろうか。僕は狩猟を「労働」にはしたくないと思っている。

そもそも僕が狩猟を始めた動機は「自分が食べる肉を自分で調達すること」。そして、自らその命を奪うという責任を負うことで、自分が食べる動物たちとの距離を縮めたい」ということだった。自分が獲った獲物の肉を他人に販売し始めたら、動物たちとの距離が広がってしまうように感じるだろう。

狩猟についての考え方は猟師の中でも千差万別だし、いろいろなかかわり方があって当然だ。今の日本の自然の状況なら職業猟師になる道もある。農林業への獣害を考えれば、専業の駆除従事者も必要だろう。ただ、僕が目指す自然とのかかわり方は、「一人で百頭獲るよりは、二十人で五頭ずつ獲ろう」というようなものだ。野生動物が好きで生態学を学ぶために大学に入った学生が、日本の森の現状を知って狩猟免許をとり、「生態系を守る」ために連日つらい思いをしてシカを銃で撃っているという話を聞いたことがある。僕はそこにはやはり無理があると思う。個々の猟師の自発的な狩猟が結果的に生態系のバランスをとる道もあるはずだ。その地域の実情を知り、山の状況を把握した猟師が狩猟をしてこそ、地域と自然が求める捕獲が効率的に行われるという側面もある。

猟師と獣害

各地に猟師が増えれば、たとえ直接有害駆除に従事しなくても、それだけで一定の獣害に対する抑止力にもなる。年々有害駆除での捕獲数が増えているとは言っても、シカやイノシシの年間捕獲数の半数程度は狩猟によるものだ。狩猟によってその生息数がある程度抑えられているのは間違いない。

ただ、実際猟をしていると、猟師の力など大したことはないと思わされるときもある。僕が猟を始めた頃と比べても、放棄された山あいの農地や竹林、管理されない山林が増えている。

いったん人の手が入らなくなると、一気に動物たちの動き方が変わる。放置された竹林はイノシシがタケノコを掘り起こして穴だらけになり、藪となった耕作放棄地にはトンネル状のけもの道が無数に走るようになる。こうして動物たちは人里へと近づいていく。猟師は獲物の数をコントロールすることはできても、彼らの行動を制御することはなかなかできない。

獣害が山間部の暮らしを苦しめているとよく言われるが、山間部の主要な産業である農林業の衰退が獣害を招いているというのが実際のところだ。そもそも、かつては地元の農林業者が山間部における主要な狩猟の担い手であり、農閑期の冬に行われる狩猟は、獣害対策とタンパク源確保を兼ねた重要な営みだった。小豆島に残る全長一二〇キロに及ぶシシ垣には随所に隙間が空けてあり、そこが落とし穴になっていて侵入しようとしてきた動物を捕獲できるようにしてある。対立的にイメージされがちな狩猟と農業だが、歴史的には相互を補完し、発展してきたのである。

狩猟は決して獣害対策の特効薬ではない。山間部の農業や林業、里山の森林利用などがしっかり行われて初めて有効なツールとなり得る。

猟師と買う側の論理

最近は、社会的な狩猟の必要性の議論の中で「猟師がしっかりと食べていけるようにならないと獣害問題は解決しないし、猟師も増えない」などと言われることがよくある。ここで言う「食べていける」は「安定した収入がある」ことを指しているのだろう。しかし、猟師がお金にかかわるといつの間にかいいように使われることが多い。

宮沢賢治の「なめとこ山の熊」の主人公・猟師の小十郎は、山の中では誇り高く豪快だが、街へ降りたら偉そうな商人に対して卑屈に毛皮を売り込むようになる。毛皮は余っているから、と値切られながら安い代金と交換し、山では、生きていくためには仕方がないんだと言い訳をしながらクマを撃つ暮らしになってしまっている。街の経済とのかかわりは、猟師の尊厳を奪いとっていく。これはあくまでもフィクションだが、現代でもよく似た話は多い。ある先輩猟師から聞いた話だが、ずっとイノシシ肉を卸していた料理店から「カナダ産の養殖イノシシが安く入るようになったから」と取引を断られたことがあるそうだ。また、最近のイノシシの増加で、相場が値崩れし、これまで商売をしていた人が苦労しているという話もしばしば耳にする。獲物の肉を販売しようとすると、どうしても買う側の論理が優先される。

そもそも自分の獲った肉を「金さえ出せば食える」ものにしてしまうのは、僕にとってはその肉の価値を下げているようにも感じる。それだったら、近所のおばあちゃんの育てた野菜と物々交換したり、飲み会の席に肉を提供して代わりに酒でも飲ませてもらった方がよっぽど自分の獲った肉が正当に評価されていると思える。顔の見える関係で「あの肉おいしかったわあ」と言われるのは何よりもうれしい。

昨今は狩猟関係の求人も目にするようになったが、その労働環境の苛酷さに対して、驚くほど薄給だ。しかも、その仕事が十年先も続いているかなんて誰にも分からない。野生動物相手の仕事に安定を求めるのはなかなか難しいだろう。

猟師は日々うまい肉や山菜を手に入れて、存分に「食べていけて」いる。小十郎は、「（クマを撃つのはもうやめて・引用者注）もうおれなどは何か栗かしだのみでも食ってゐてそれで死ぬならおれも死んでもいゝやうな気がするよ」と自らの猟の在り方に葛藤を覚えていたが、猟の獲物以外収入源のない彼の時代と違い、ネットやインフラが整備された現代では山間部に住んでいても工夫次第で様々な仕事は見つけられる。無理に「猟師で食べていく」必要はない。

狩猟や薪割りは実は楽

狩猟なんて山間部の田舎の集落で行われているもので、街で暮らしていたらとてもできないと思っている人も多い。しかし、本当にそうだろうか。インターネット上の航空写真で日本列島を北から南まで眺めてみてほしい。ほとんどの都市のすぐそばまで広大な森が接近しているのが分かるだろう。そして、その山際には野生動物たちがひしめき合っている。現代は明治以降で最も森林面積が増大し、街へと押し寄せている時代だと言われている。今や東京や大阪などの一部の大都市圏を除けば、ほとんどの街から野生動物の暮らす森に手が届くのだ。僕は百万都市である京都市に住んでいて、市の中心部まで車で三十分もかからないところに家があるが、その裏山でシカやイノシシを実際獲っている。仕事のある日は帰宅後に山に入り、獲物が獲れたときは友人たちを招いて、イベントのように解体を楽しんでいる。

日々山に分け入り、自分の手で獲物を殺し、解体するのは大変な労力がかかると思われがちだ。だが、僕の感覚では、現金を得るための労働に時間を割いて、そのお金で誰かがさばいた肉を買うというのは、そちらの方が手間がかかっているように思える。自分で時間をコントロールし、工夫して捕獲した獲物の肉を食べる方がよっぽどシンプルだ。自分の手を汚さず誰かに動物を殺してもらっているなんてことを負い目に感じることもない。なにより食べ物を得る工程に他人が入らないことは、思った以上に精神的に楽になれる。

　薪での暮らしも同じだ。原木集めや薪割りの労力は確かにあるが、燃料を一部でも自力で入手できるということは、生活を自分自身で作り上げていることを実感できる。僕も軽トラックやチェーンソーは使うし、肉は冷凍庫で保存し、コンビニで買物もする。何も原始の暮らしに帰ろうだとか自給自足で暮らしたい！　なんていう思いは特にない。むしろ、楽な方楽な方へ流れてきた結果が今の暮らしだと思っている。僕は猟期中は週に三日くらいしか働かないが、お金に困ることはない。狩猟採集を生活に組み込むことは、結果として働き方の自由度も高めてくれる。薪ストーブでコトコト煮込んだイノシシのバラ肉の角煮は、僕を週五日労働の呪縛から解放してくれた。

　すぐそこの森においしそうなイノシシが暮らしていて、薪として使える枯死木や間伐材が放置されている。それを利用しないのはもったいないというだけのことだ。都市の恩恵を受けて街で暮らしながら豊富な獲物を相手に猟を実践できる、今までにない時代が到来している。

みんながやるべきか？

最近は狩猟がにわかに注目されてちょっとしたブームのようになっている。ニワトリやシカの解体を体験させるワークショップなども大流行だ。日本では、動物の解体がタブー視され、人の目に触れることは少ない。そんな中で、興味のある人が解体に参加できる機会が増えるのは意味があることだろう。ただ、そのようなイベントの場でしばしば耳にする「自分がさばけない動物を食べるべきではない」「肉を食べる以上、その動物が殺されるところも見るべきだ」という意見はどうなんだろうか。「肉は大好きだけど、動物を殺すところは見たくない」というのも僕はありだと思う。特に感受性豊かな子どもたちに対しては、慎重にすべきだろう。年配の人で幼少期に庭先でニワトリを親がつぶす様子を見て、鶏肉が食べられなくなったという人は意外と多い。動物が大好きだった僕も、子どもの頃に自分がかわいがって飼育した動物を屠殺する体験をしていたら、肉を食べられなくなっていたかもしれない。

動物をさばけるからといって偉いわけではないし、猟師だけが命の大切さを知っているわけでもない。狩猟の素晴らしさばかりが強調される昨今の風潮はちょっと気持ちが悪い。狩猟は様々な生活スタイルのひとつでしかない。動物を殺すのだって、肉を食べるなら誰かがやらないといけないがみんながやる必要はない。もちろん、屠畜業を蔑視して、限られた人の仕事と見なしてきたこの社会のあり方は問いなおす必要があるが、本来はそこに魅力を感じる人や得意な人がやればいいいだけの話だと思う。

生活者としての猟師

そもそも、日本の自然が養える人の数などたかが知れている。みんなが狩猟を始めたらあっという間に野生動物なんて絶滅してしまう。現代の日本での狩猟採集生活は、大多数の者が近代的な農業や効率的な家畜生産、海外からの豊富な輸入資源に依拠した都市生活を営んでくれているがゆえに成立している。利用されなくなった森林が引き起こす問題についてはこれまで述べてきた通りだが、現在の人口でみんながかつてのような森に頼った暮らしに戻ることは不可能だ。地方や山間部にまで都市型のライフスタイルが浸透したことで、逆に自然が守られているという側面もあるということだ。

自然を利用する暮らしは、油断するとすぐに自然を破壊する営みにも変わり得る。「エコだロハスだ」と賞賛されがちな狩猟採集生活や薪を使った暮らしだが、かつて山林が農地として切り開かれ、薪や炭が燃料の中心だった時代には、多くの山はハゲ山になり、野生動物たちは生息地を追われた。木々を伐採することは明確に自然破壊だった。

狩猟に関しても同様だ。多くのシカやイノシシが駆除されても生息数がまだ増加している現状だから、自然環境に対する負荷が少ないだけだ。家畜の肉が安定的に供給されなくなったり、野生動物に過度な商品価値が見出された場合、再度の乱獲も十分起こりうる。

また、日本で使う木材やパルプのために海外で森林が伐採され続け、畜産に用いる膨大な飼料や多くの農産物も海外からの輸入に依存している。海外の自然を破壊することで、日本の森は存在できていると言ってもいいだろう。そんな場所での田舎暮らしや狩猟採集生活は偉そうにエコだなんて言えるようなものでもない。

利用されない日本の森には、今は多くの野生動物が生息し、放置された木々が林立している。僕がしている狩猟採集生活は、「余ってるのに誰も使わないんならありがたく利用させてもらいますよ」という程度の営みだ。僕は家の増築資材や薪として使うために、建築端材や廃材をよくもらってくる。解体する家屋の建具なんかもそうだし、大型ごみでもまだ使えるなら利用する。僕の感覚ではこれも狩猟とあまり変わらない、その延長だ。野生動物を廃材やごみと同列視するのは不適当だと思う人もいるかもしれないが、駆除したシカやイノシシを何十万頭も焼却・埋設処分しているこの社会も彼らをごみ扱いしている。余剰物は街にも山にも溢れかえっている。人々の暮らしの余剰物である生ごみや廃棄農産物が野生動物を引き寄せて、鳥獣害を発生させ、その野生動物をも余剰物として処分しているというのは皮肉なものだ。

我が家のニワトリは米糠や魚のアラ、雑草など、僕の暮らしの余剰物を食べて、卵と鶏糞を生み出してくれる。自家養鶏を始めると、その有用性には驚かされる。現代社会には、このニワトリのような存在が圧倒的に不足しているということだ。日本列島のあらゆるところで野生動物と人間との軋轢が増している中、動物たちと積極的に関わり、自然界や街の余剰物を利用することに喜びを感じる物好きな人間がもっといてもいい。生活の一部として行われる自発的で多様な狩猟の広がりによって、結果として生態系のバランスが整い、鳥獣害が減っている未来を夢想したい。この社会の至るところに、生活者としての猟師が利用できるけもの道は無数に枝分かれしながら広がっている。

残酷さの定義

シカとイノシシの血抜きの違い〔P196〕　イノシシの場合は、心臓のすぐそばの大動脈を切断すると数十秒で息絶えるが、十分血抜きはできる。シカも同じ方法で良いと言う猟師もいるが、四肢が長く、血が抜けにくいとも言われており、僕は現在のところ頸動脈を切り、心臓を動かしたままにし、そのポンプの力で血抜きする方法を選んでいる

牙をガチガチ鳴らす〔P197〕　この行動でイノシシの下顎の牙は上顎の犬歯で鋭く研がれる。運搬・解体時にうっかり触れると皮膚が切れるくらい鋭利でびっくりする。銃猟では猟犬がしばしばこの牙の犠牲になる。わな猟でもトドメ刺し時に反撃され重傷を負う事故が毎年のように発生している

各地に残る狩猟儀礼〔P198〕　永松敦『《猟師》の誕生と狩猟儀礼の成立　民俗文化形成史への一視座として』（鉱脈社）

廃鶏の取引価格〔P201〕　「京都の畜産ひろば」ホームページ内「畜産データ」に「地域に根ざした畜産の事例集」がある。さまざまな畜産者の取り組みが彼ら自身の談話などで紹介されているが、美山町の岩江戸養鶏組合によれば、廃鶏の業者引き取り価格は四十円程度とある。廃鶏の年間処理羽数などについては、農林水産省ホームページ内「畜産物流通調査」にある「食鳥流通統計調査（平成26年）」が詳しい

飼育した動物をさばく〔P201〕　牛の肥育から屠畜・精肉までを代々営んできた家族の仕事と暮らしを紹介した本橋成一『うちは精肉店』（農山漁村文化協会）や、自ら三頭の豚を飼育し、食肉にするところまでの体験を記した内澤旬子『飼い喰い三匹の豚とわたし』（岩波書店）が参考になる

フォアグラとブロイラーの「残酷さ」の違い〔P202〕　動物福祉の観点からは、飼育過程での苦痛の有無が問題視される場合が多い。鶏舎に隙間なく並べた小さなカゴに一～二羽ずつ入れて飼育する「ケージ飼い」は、日本では一般的だが、EU諸国では、残酷であるとして二〇一二年から禁止されている。佐藤衆介『アニマルウェルフェア　動物の幸せについての科学と倫理』（東京大学出版会）に詳しい

我が家のニワトリ〔P203〕　二〇一五年の春で飼育四年目を迎えたが、子どもたちも交えた家族会議の結果、つぶして食べず当分飼い続けることに決めた。今のところ卵もまだそこそこ産んでくれている

ベジタリアンの様々なスタイル〔P203〕　鶴田静『ベジタリアンの文化誌』（中央公論新社）

狩猟は農地を必要としない〔P204〕　人間の食用に適さない草を食べさせる放牧や米糠やクズ野菜、残飯などで飼育される家畜・家禽の飼育も、農地を利用しない規模で行われるのであれば、環境への負荷は少ない

自然をよむ暮らし

アクの少ないシイの実〔P207〕　いわさゆうこ・大滝玲子『ひろってうれしい知ってたのしいどんぐりノート』（文化出版局）には、「しいのみごはん」や「どんぐりどうふ」などのシイの実を使ったレシピも紹介されている

狩猟採集生活者のしたたかさ〔P212〕 狩猟採集生活では、競合する相手をいかに出し抜くかも考える必要がある。キノコ狩りでは自分の家族にもそのポイントは教えないという人も多い。また、現代の狩猟採集には様々な制約もある。例えば山菜などは勝手に生えているように見えても、入会《いりあい》権などの共同利用権が設定され、地元の人が山菜を代々利用している場所もある。採集には注意が必要だ。森林内での林産物の窃取に関しては、森林法百九十七条で森林窃盗と定められており、山菜採りや鉱物採集が罪に問われた事例もある。なお、シカやイノシシなどの野生動物に関しては、林産物には該当せず無主物とされ、捕獲した者に所有権が発生する

にごりすくい〔P212〕 漁業権が設定されている河川でその対象の魚種を獲る場合は、管轄の漁業協同組合の遊漁券を購入する必要がある。魚種ごとに一日券と年券に分かれているのが一般的。また、各漁協ごとに定められた漁法や解禁日があり、禁止漁法もあるので事前に確認が必要である。にごりすくいを禁止している河川もある。また、大水のときに、川に近づくのは当然危険なので、誰にでもおすすめできる漁法ではない

狩猟採集生活と汚染

ウナギの生体濃縮〔P215〕 内閣府食品安全委員会ホームページ内にあるデータベース「食品安全総合情報システム」に、フランス食品環境労働衛生安全庁（ANSES）による調査がある。これによると、ウナギはPCBを生物濃縮で最も蓄積しやすい魚種とされている

ウイルス・細菌・寄生虫〔P216〕 農林水産省ホームページ内「食中毒から身を守るには」にある「食中毒をおこす細菌・ウイルス・寄生虫図鑑」が参考になる

肉の生食〔P217〕 猟師の間ではシカ肉の刺身はよく食べられている。だが、近年、E型肝炎への感染リスクや寄生虫の存在が問題視されている。兵庫県森林動物研究センターがホームページで公表している「シカのE型肝炎ウイルス抗体保有調査」によれば、ニホンジカは他の動物と比べて感染しにくく、心配する必要はほとんどないとしている。E型肝炎の感染歴が、家畜の豚で八六％、イノシシで二七・五％なのに対し、ニホンジカはわずか二・六％である。ただ、可能性はゼロではなく、食肉処理の過程で大腸菌が付着する場合もあるとして、必ず加熱処理をすることを呼びかけている。また、シカ肉には軽度な食中毒の原因となる住肉胞子虫という寄生虫が、同じく刺身で食べられることの多い馬肉同様、高確率で存在していることがわかっている。この寄生虫は凍結処理で死滅させられる。内閣府食品安全委員会によれば、凍結処理は肉の中心温度－二〇℃で四十八時間以上、－三〇℃で三十六時間以上、－四〇℃で十八時間以上行う必要があるとしている。シカ肉の生食は、食べたい人が自己責任ですればいいと僕は思っているが、正しい知識を持ち、適切な方法で処理することは最低限必要だろう

ツツガムシが媒介する感染症〔P217〕 「野生動物の抗体検査　ツツガムシ病に注意　旧田辺市で高い感染率」（「紀伊民報」二〇一五年一月二十一日）によれば、紀南で捕獲のタヌキの四割強、アライグマで三

割近くが、過去にツツガムシ病に感染していたことがわかったとある

野兎病〔P217〕「日本では1924年の初発例以降、1994年までの間に合計1372例の患者が報告され、東北地方全域と関東地方の一部が本病の多発地である。（中略）第二次世界大戦前は年平均13・8件であったが、戦後は1955年まで年間50～80例と急増した。その後減少傾向を示し、1999年の千葉県での1例以降は報告されていない」（国立感染症研究所ホームページ内「IDWR感染症の話」）

腐葉土やミミズから高濃度の放射性物質が検出されている〔P218〕「腐葉土セシウム汚染なぜ…　業者も困惑、流通自粛」（「朝日新聞」二〇一一年七月三十日）、「東日本大震災：福島・川内村のミミズ1キロから2万ベクレルのセシウム検出　原発20キロ、食物連鎖で蓄積も」（「毎日新聞」二〇一二年二月六日）

イノシシ肉の摂取および出荷制限〔P218〕福島県ホームページ内「各種放射線モニタリング結果」には、野生鳥獣としてはイノシシ以外にもツキノワグマ、キジ、ヤマドリ、カルガモ、マガモ、コガモ、ニホンジカ、ノウサギについてのデータも掲載されている

東北・北関東の猟師の減少〔P218〕「東北・関東　狩猟者が大幅減　福島で3割　原発事故響く」（「日本農業新聞」二〇一二年一月二十五日）によれば、「狩猟者が避難していることに加え、放射性物質を恐れて山に入ることを敬遠したり、イノシシ肉などが出荷制限を受けたりしたことなどが要因」という。「東日本大震災：被災地、津波で銃失い許可失効　猟師減で食害ピンチ「再取得の条件緩和を」」（「毎日新聞」二〇一三年十二月三日）によれば、津波でライフル銃を失った高齢の猟師が引退するケースも相次いでいるという

森林の除染〔P218〕「山菜　高濃度セシウム　品種ほとんど基準超　2地区本紙測定　飯舘村の山除染手つかず　住民「元の暮らしに戻れぬ」」（「東京新聞」二〇一五年六月七日）

ドイツのイノシシの被曝〔P219〕"Radioactive wild boar roaming the forests of Germany", The Telegraph, 1 september 2014

ドイツでの猟師への補償制度〔P219〕「EUが定めた野生鳥獣肉のセシウム基準値は1キロ当たり600ベクレル。ドイツは個人の鳥獣肉の売買を法的に認めているが、原発事故を契機に原子力法で基準値超えの鳥獣肉の販売を禁止した。焼却処分を義務付け、処分に対して国と自治体が補償する」（「森と向き合う　欧州事情7　原発事故の影響　独・バイエルン州　基準値超えに補償金　狩猟意欲の低下を防ぐ」（「日本農業新聞」二〇一三年十月二十四日））

スウェーデンの野生動物の肉の基準値〔P219〕高見幸子・佐藤吉宗共訳『スウェーデンは放射能汚染からどう社会を守っているのか』（合同出版）によれば、野生動物以外にも野生のベリー類、キノコ類、淡水魚、ナッツ類も一般食品の五倍の基準値に設定されている

チェルノブイリの「自然の楽園」〔P220〕メアリー・マイシオ『チェルノブイリの森　事故後20年の自然誌』（日本放送出版協会）

オオカミという捕食動物を失った日本の生態系〔P220〕大型肉食動物のいなくなった自然の状況については、ウィリアム・

ソウルゼンバーグ著／野中香方子訳『捕食者なき世界』（文藝春秋）で世界各地の事例が紹介されている

イノシシはすでに極端に増えている〔P220〕「イノシシ増殖5万頭　避難区域で深刻　生息域 拡大　帰還、営農再開に影」（「福島民友」二〇一五年六月二十二日）

汚染の数値の高いイノシシの捕獲後の処理〔P220〕「相馬にイノシシ焼却施設　衛生組合来年度稼働目指す」（「福島民報」二〇一五年五月二十八日）によれば、「バグフィルターなどで放射性物質の飛散を防ぐ」とある。事業費は約一億六千万円の見込みで、焼却能力は年間五百～六百頭とのこと

人間の営みがなくなることで姿を消す生き物〔P220〕「高線量地域の今――水田失われ大地は単純化（野のしらべ）」（「日本経済新聞」二〇一四年三月二十九日）によれば、水田がなくなりカエルや水中で幼虫が育つアキアカネが姿を消した

原発事故が生き物たちに与えた影響〔P220〕永幡嘉之『原発事故で、生きものたちに何がおこったか。』（岩崎書店）には立ち入りが制限された地域の水田地帯を埋め尽くしたセイタカアワダチソウの写真や人家の庭で餌を探しているイノブタの親子の写真などが掲載されている

サケの遡上と自然産卵、放流事業の中断〔P220〕「避難区域の町でサケの稚魚放流　福島・富岡川」（「日本経済新聞」二〇一五年四月十五日）

薪の基準値は四〇ベクレル〔P221〕林野庁ホームページ内「調理加熱用の薪及び木炭の当面の指標値の設定について」に掲載されている。なお、木炭の基準値は一キロあたり二八〇ベクレル

放射性物質の循環〔P222〕福島大学環境放射能研究所ホームページ内の二〇一三年十二月九日の研究活動報告「福島第一原子力発電所事故により派生した放射性セシウムの森林環境での移動」に詳しい

住み慣れた村がダムに沈む〔P223〕大西暢夫『水になった村　ダムに沈む村に生き続けたジジババたちの物語』（情報センター出版局）は、ダムに沈む前の岐阜県の徳山村に残った住民たちの暮らしを記録している

日本中の自然は汚染されている〔P223〕日本では過去にも水俣病やイタイイタイ病などを引き起こした深刻な自然界の汚染が数多く起こった。そこでは汚染された水や魚を利用した多くの人々が被害にあった。水俣病については、石牟礼道子『新装版　苦海浄土』（講談社）で当時の状況を知ることができる。また、自然界の汚染について記した代表的な著作には、レイチェル・カーソン『沈黙の春』（新潮社）がある

現代の猟師

クマよりも猟師の方が絶滅危惧種〔P226〕実際に猟をしている人の数を知るには、都道府県ごとに毎年猟期の前に行われる狩猟者登録の人数を確認するのが確実だ。狩猟免許所持者の中には実猟を経験していないペーパー免許所持者も意外と多い。環境省の「狩猟者登録証交付状況」（二〇一二年度）では全国で十三万人ほどが狩猟者登録を行っている。複数の都道府県での登録や複数免許での登録もあるだろ

うから、僕は現在の日本の猟師の実際の数はすでに十万人を割り込んでいると思っている

改正鳥獣保護法の施行〔P226〕「改正鳥獣保護法　きょう施行　「保護」から「管理」に」（「日本農業新聞」二〇一五年五月二十九日）

狩猟の魅力まるわかりフォーラム〔P226〕「本フォーラムは、皆様に、①「自然」や「生き物の命」に正面から向き合う狩猟の魅力と、狩猟が持つ社会的役割を知っていただくこと、②人と野生鳥獣との適切な関係の構築や豊かな自然の生態系の維持に向けた、将来の「鳥獣保護管理の担い手」となるきっかけを提供すること、を目的としています」（狩猟の魅力まるわかりフォーラムホームページ）

北海道の「シカの日」〔P227〕　エゾシカ対策課が運営するシカの日オフィシャルサイトには、参加料理店、肉販売店の紹介やエゾシカ料理のレシピなどが掲載されている

エゾシカ協会〔P227〕　各種シンポジウムを開催するなど、エゾシカ問題の普及啓発活動を行っている。二〇一五年度より、シカ管理の新たな担い手の育成を目的とした「シカ捕獲認証制度（Deer Culling Certificate）」を創設するなど、新たな取り組みも行っている

自衛隊と協力した駆除〔P227・228〕北海道ホームページ内「自衛隊の協力によるエゾシカ捕獲事業の概要」で、二〇一一年二月に白糠町で行われた捕獲事業の概要を見られる

国道を封鎖しての捕獲〔P228〕「エゾシカを学術捕獲　初日の成果2頭　国道453号6キロ封鎖　研究グループ、関係機関と連携」（「苫小牧民報社」二〇一四年二月二十五日）

一時養鹿〔P228〕「野生のエゾシカをワナなどを使用して生体捕獲し、食肉などの利用に供するまでの間、一時的に飼育すること。なお、捕獲個体については繁殖期までに（捕獲個体から出生した個体については、次回の繁殖期までに）全て食肉などの利用に供する」（北海道ホームページ内「エゾシカ有効活用のガイドライン」）

エゾシカの西部への移動〔P228〕「シカ頭数　西高東低　道検査　石狩・空知で増加傾向」（「北海道新聞」二〇一三年五月十二日）

銃猟における女性の割合〔P229〕TWINのホームページでは、女性と狩猟を取り巻く現状を記すほか、実際に女性が猟を始めるために必要な情報も各種紹介している

トドメ刺しの道具〔P230〕イノシシの鼻や脚を縛り、動きを拘束する捕定用具や、バッテリーを利用し電気ショックを与えて獲物を失神させる器具も開発されている。ただし、わな猟でトドメ刺しが一番危険なのは間違いなく、安全を確保して行うのが大前提だ。また、電気を用いた道具は、感電事故がないよう取り扱い時に十分な注意が必要だ

西興部村猟区〔P231〕「道内で唯一認可　西興部　猟区10年成果着々　ハンター年々増　次世代の育成も」（「朝日新聞」二〇一三年九月三十日）

海外の野生動物管理〔P231〕梶光一・伊吾田宏正・鈴木正嗣編『野生動物管理のための狩猟学』（朝倉書店）では、ドイツ

やイギリス、アメリカ、北欧などでの野生動物管理と狩猟の現状が紹介されている

ニホンジカの亜種〔P231〕　日本に生息するニホンジカの亜種はエゾシカ、ホンシュウジカ以外に、キュウシュウジカ、マゲシカ、ヤクシカ、ケラマジカ、ツシマジカの計七種

狩猟を始めるには〔P234〕　狩猟免許や猟銃の所持許可のとり方など、大日本猟友会ホームページ内「ハンターになるには」に詳しい。猟を始める大まかな費用も紹介されており、狩猟免許試験受験料約五千円、猟友会講習会約一万円、狩猟者登録料と入猟税等で最大約一万九千円、銃を使うのならば所持許可が必要で、猟銃等講習会約六千円、教習射撃約五万円、銃の所持許可申請手数料等約一万四千円などがかかるとしている。講習会の受講料などは都道府県により異なる。道具類の相場も掲載されていて、銃は十万円～、ガンロッカーは三万円とある。帽子とベストは猟友会会員になると無料で配布される。ちなみに、僕が使うくくりわなは、購入すると一丁五千円ほどするが、ホームセンターなどで材料を集め、一丁二千円以下で自作できる

狩猟や獣害問題に取り組むNPO〔P237〕「岐阜・郡上市で結成「猪鹿庁」若者が6次化けん引　農家と連携、地域に活気」（「福井新聞」二〇一三年五月二日）

狩猟文化の多様性

皮剥ぎをしない解体法〔P239〕　飯田辰彦『罠猟師一代　九州日向の森に息づく伝統芸』（鉱脈社）には、宮崎県椎葉村の猟師が川でイノシシの毛剃りをしている写真が掲載されている

西表島のカマイ猟〔P240〕　蛯原一平「沖縄西表島の罠猟師の狩猟実践と知識　11年間の罠場図をもとに」（「国立民族学博物館研究報告2009　34巻　1号」）には、西表島で実際に使われているわなの構造や猟師自身が記した罠場図なども紹介されている

弓矢は現在は使用禁止〔P242〕「弓矢は、その命中精度および威力からみて、これを鳥獣の捕獲に用いるときは、負傷鳥獣を生じさせる等鳥獣保護上悪影響があるのみならず人身に対し危険であるので、これらの弊害の発生を未然に防止する観点から禁止されたものである」（鳥獣保護及狩猟ニ関スル法律施行令の一部を改正する政令および鳥獣保護及狩猟ニ関スル法律施行規則の一部を改正する省令の施行について　公布日：昭和四十六年六月二十八日）

アマッポと呼ばれる仕掛け弓〔P242〕　アイヌと自然デジタル図鑑ホームページ内「月刊シロロ」二〇一五年五月号に掲載されている北原次郎太「シンリッウレㇱパ（祖先の暮らし）第3回「狩猟・交易」」によれば、「クマなどの通り道に弓を仕掛け、動物が通過するときに自動的に矢が発射される仕掛け弓は、草木の葉が茂って見通しの悪い季節でも効率的に獲物を得ることができました。この時にも矢毒が威力を発揮し、鉄砲が普及してから鉄砲を自動発射する仕組みが考え出されました」とある

アメリカの弓矢猟〔P242〕　二〇一三年八月に開催の「中央環境審議会自然環境部会　鳥獣保護管理のあり方検討小委員会（第4回）」での配布資料「海外におけるシカ管理の事例について」によれば、アメリカでは「無音で射出でき、命中精度も高く、

力が不要なクロスボウの利用が広がっており、新たなハンターを獲得するための魅力的な猟具と考えられている」とある。環境省ホームページ内に掲載されている

もちなわ、はご〔P242〕一九〇九年発行の『京都府山林誌』（京都府山林会・京都府材木業組合連合会）にも「久世郡巨椋池ノ狩猟」として、銃猟、網猟と並んでこの二つの猟法が紹介されている

犬のみによる狩猟〔P244〕厳密には、「犬に咬みつかせることのみにより捕獲する方法」と「犬に咬みつかせて狩猟鳥獣の動きを止め若しくは鈍らせ、法定猟法以外の方法により捕獲等をする方法」の二つが鳥獣保護法施行規則により禁止猟法とされている

生活者としての猟師

猟師で食べていける〔P250〕ちなみに僕は、二〇一四年度の猟期はイノシシ六頭、シカ十頭の猟果で、一月下旬には猟を終えた。家族や友人で分けあって食べても十分すぎる量で、一年間肉には困らない。解体時に出るクズ肉で飼っている猫の餌もまかなえる

宮沢賢治の「なめとこ山の熊」〔P250〕宮沢賢治の作品には、「注文の多い料理店」、「二十六夜」、「ビヂテリアン大祭」など、狩猟や肉食などを主題としたものも多い

明治以降で最も森林面積が増大している時代〔P252〕太田猛彦『森林飽和　国土の変貌を考える』（NHK出版）では「はげ山だらけの日本」がいかにしてここまで森林面積を増大させたか、過去の写真や具体的なデータを用いて検証している

街で暮らしながら猟を実践できる時代〔P253〕猟場が街に近いということは当然人身事故などの発生の可能性も高まる。環境省ホームページ内「平成27年1月20日　報道発表資料」によれば、「近年、狩猟や有害鳥獣捕獲での人身事故が多発」しているとして、二〇一五年に『狩猟事故防止DVD「運命を分ける瞬間（タイム・ゼロ）」』を作成・配布した。この動画はインターネット上でも閲覧できる

屠畜業を蔑視〔P255〕東京都中央卸売市場食肉市場・芝浦と場ホームページ内「食肉市場に関する正しい知識と理解を―歴史・啓発―」

野生動物に過度な商品価値〔P256〕田口洋美「現代のマタギ」（『歴史と民俗　神奈川大学日本常民文化研究所論集16』）によれば、戦時中には軍用物資や輸出品として毛皮が大量に必要とされ、多数の野生動物が乱獲された。「日本の狩猟史のなかでは異常とも思える未曾有の毛皮バブルを迎えていた」と表現している

色づいた柿

昨年の秋は、玄関のキンカンの木がたわわに実をつけた。子どもたちは大喜びで頬張っていた。クマの来る心配のない知人の農地で飼い始めたセイヨウミツバチのお陰で蜂蜜もふんだんにあったので、いつ以来ぶりかキンカンの蜂蜜漬けを作ることもできた。

猟期が近づき、頻繁に山に入るようになった。今シーズンもイノシシやシカの痕跡はたくさんあり、クマも時々来ている。

〈今年も裏山だけでそこそこ獲物は獲れそうやな〉

そんなことを考えつつ、ある生き物の痕跡を探した。秋からずっと感じていた違和感を確かめるためだ。そして、猟期の直前になってもそれは見つからなかった。

「そのエリアのサルの群れは全頭捕獲されてしまいました」

僕の問い合わせに対し、長年このサルたちの調査をしてきた研究者から短いメールが届いた。

〈やっぱりそうなんや……〉

秋以降、知り合いの農家からもサルの被害の話をとんと聞かなくなっていた。ここ何年間かはサルの追い払い事業も行われていたが、効果なしと判断されたのだろうか。

サルは僕のしかけたわなにいたずらをすることもあった。けもの道を歩いていてサルの臭い糞を踏んづけたことも一度や二度ではない。間違ってわなにかかったサルのリリースを手伝ってもらった友人に「サルさえおらんかったらここは最高の猟場なんやけどなあ」なんてぼやいていたのを思い出した。

この秋、庭の柿はきれいに色づき、たくさん実っていた。

一時期、ニワトリたちを庭に放すのが我が家で流行っていた。必死で落ち葉をほじくっている様子がなんともかわいらしかったし、自分たちで昆虫やミミズを食べてタンパク質を確保してくれるというのも都合が良かった。

ある日、いつものように鶏小屋の扉を開けると、一羽だけ出てこない。中を見ると産卵箱の中にうずくまっている。

〈ちょうど産んどるとこやったんか。これは失礼〉

と放置しておいたが、いつまでたっても出てこない。

〈これはひょっとして……〉

と思い、その一羽を抱き上げようとすると首の毛を逆立てて抵抗する。

〈あらら、やっぱり就巣《しゅうそう》に入っちゃったか〉

一年で何百個も卵を産むニワトリは、人間が長い年月をかけて作りあげた生き物だ。その過程で自分が産んだ卵を温めないように品種改良されてきている。しかし、たまに「就巣」と言って卵を抱くことを思い出す個体がいる。我が家はメンドリだけなのでそもそも抱いたところでヒヨコは生まれないのだが、それでも一カ月程度はひたすら抱き続ける。就巣に入ったニワトリは餌もほとんど食べず、じっと産卵箱にこもるため、「巣ごもり」とも言われる。産卵効率が格段に落ちることになるため、養鶏では好ましくないこととして隔離されたり、廃鶏とされることが多い。

我が家でもたまに就巣は起きる。そんなときは基本的に放置しているのだが、他のニワトリが同じ産卵箱に産んだ卵は取り出す必要がある。腹の下に手を突っ込むと、抱卵のために脱毛したニワトリの地肌のぬくもりを感じる。卵を守ろうと羽を広げて覆いかぶさっているメンドリに申し訳ない気持ちになりながら温められた無精卵を取り出す。人為的に作られた生き物の完成形とも言えるニワトリが時折見せる「動物の本能」に触れる瞬間だ。

現代社会の猟師のことを自家養鶏のニワトリに譬えたりしたが、有害駆除や個体数管理に積極的に参加する気もなく、野生動物のように勝手気ままに暮らしたい僕なんかは、この就巣鶏みたいなものなのかもしれない。

「おとうさん、やばい！　はやくきてー！」

家の裏でニワトリと遊んでいた長男の叫び声が聞こえた。急いで駆けつけると、ニワトリをくわえて走り去るキツネの後ろ姿が見えた。必死で追いかけたが、敵うはずもない。キツネは森の奥へ姿を消した。連れて行かれたのは、我が家のニワトリたちの中で一番どんくさいやつで、長男がどんちゃんと呼んでかわいがっていたニワトリだった。どんちゃんは鶏小屋に帰るとき、一段高い入口にジャンプして飛び乗るのが苦手で一羽だけよくウロウロしていた。それを「どんちゃん、つぎはがんばりやー」と言いながら抱えてあげるのが、彼の日課だった。

その場で号泣する彼に対して、僕は「キツネも自分の子どもらに食べ物獲って帰ったらなあかんねん。お父さんが山でしてることと一緒のことや」とありきたりの慰めを言うことしかできなかった。そばにいた次男はまだ事態がよく飲み込めていないようで、「どうなったん？」と僕にしきりに尋ねてくる。保育園に通う次男は、食卓に肉や魚が出ると必ず「このおにくはだれがとったん？」「おとうさんがとってきてくれたん？」と聞いてくる。キツネの親子の話をしたとき、ふと彼のこのセリフが思い出された。


長男が「どんちゃんをさがしにいく」と言うので一緒に山に入った。しばらく山を歩いていると、いくぶんか気も紛れたようで、木の枝を振り回したりして遊び始めた。僕の真似をして、いっちょまえに「これはイノシシのあしあとやなー」なんて言ったりしている。ちょうどクマの糞があったので、「これ、なんの動物のうんこか分かるか？」と聞いてみた。

「これはさるのうんこやな！」と長男。

「なんでやねん。サルがこんなでかいうんこするわけないやろ。クマやんか」

納得できない様子の長男は持っていた棒で糞をつついたりしていて、次男がそれを面白がって見ている。

……いい機会だと思った。

「おサルさんはなあ、この山からもうおらんようになったんや」と子どもたちに伝えた。

「えー、なんでなん⁉」

「人間の畑の野菜食べたりするし、全部捕まえられて、連れて行かれたんや」

「そんなことしていいん？　かわいそうやん！」

「……」

「おったときは憎たらしかったけど、おらんようになったと思ったらちょっと寂しい気もするなあ」

近所の人がこう漏らした。

しかし、だんだんサルの存在は忘れ去られていくだろう。何年後かには、裏山にはサルがいないのが当たり前になる。

オレンジ色に熟した甘柿を収穫する気も起きず、放置していたらカラスが気づいて連日食べに来るようになった。柿の実は結局今年も僕の口には入らず、我が家へ続く石段はカラスが食べ散らかした柿の実で、サルがいた頃と同じように汚れていた。

けもの道の歩き方

猟師が見つめる日本の自然

千松信也

発行日　2015年9月16日 初版第1刷発行
　　　　2018年4月30日 初版第4刷発行

装　丁　小板橋基希
絵　松本晶、木口裕香（カバー）
編　集　加藤基
発行者　孫家邦
発行所　株式会社リトルモア
〒151-0051 渋谷区千駄ヶ谷3-56-6
TEL 03-3401-1042
FAX 03-3401-1052
http://www.littlemore.co.jp

印刷・製本所：中央精版印刷株式会社

千松信也（せんまつ・しんや）
一九七四年兵庫県生まれ、京都在住、猟師。京都大学文学部在籍中の二〇〇一年に甲種狩猟免許（現わな・網猟免許）を取得した。伝統のくくりわな、無双網の技術を先輩猟師から引き継ぎ、運送業のかたわら猟を行っている。鉄砲は持っていない。〇八年に『ぼくは猟師になった』（リトルモア）を出版（現在・新潮文庫）。狩猟にまつわる講演等も行う

本書は「日本農業新聞」で、二〇一二年十二月十一日〜二〇一三年五月十八日まで連載された「森からの頂き物」を大幅加筆・修正・再構成したものです。

ISBN978-4-89815-417-5 C0095
JASRAC 出1508404-501